Energetisch sanierte Wohngebäude

Johann Reiß
Hans Erhorn
Martin Reiber

Energetisch sanierte Wohngebäude

- Maßnahmen
- Energieeinsparung
- Kosten

Fraunhofer IRB Verlag

Die Deutsche Bibliothek – CIP-Einheitsaufnahme

Ein Titeldatensatz für diese Publikation ist bei
Der Deutschen Bibliothek erhältlich.
ISBN 3-8167-6148-8

Umschlaggestaltung: Dagmar Wohlfart, Tübingen
Herstellung, Satz und Layout: BUCHprojekt, Tübingen
Druck: Wilhelm Röck, Weinsberg

Für den Druck des Buches wurde chlor- und säurefreies Papier verwendet

Diese Publikation entstand im Rahmen des Begleitforschungsprojektes des Förderkonzeptes „Energetische Sanierung der Bausubstanz (EnSan)“ des Bundesministeriums für Wirtschaft und Technologie BMWi

Fraunhofer-Informationszentrum Raum und Bau IRB
Postfach 80 04 69, D-70504 Stuttgart
Telefon (07 11) 970-25 00
Telefax (07 11) 970-25 08
e-mail: info@irb.fhg.de
http://www.IRBbuch.de

Vorwort

Über 90 % des Heizenergieverbrauchs werden in Deutschland für die Beheizung der Gebäude benötigt, die vor 1983 erstellt wurden. Eine deutliche Reduzierung des Energieverbrauchs und der in Deutschland versprochenen CO_2-Emissionsminderung ist daher nur möglich, wenn auch der Altbaubestand energetisch saniert wird. Das Bundeswirtschaftsministerium (BMWi) hat 1998 das Förderkonzept „Energetische Verbesserung der Bausubstanz (EnSan)“ gestartet, das als Ergebnis Konzepte aufzeigen soll, mit denen zielgerichtet und beschleunigt der Energieaufwand für Altbauten reduziert werden kann. Dabei geht es bei der Förderstrategie darum, das Gebäude als Einheit von baulicher Hülle, Anlagentechnik und Nutzung zu sehen. Das Förderkonzept umfaßt die Schwerpunkte Planungshilfsmittel, Komponenten- und Hardwareentwicklung, Durchführung von Demonstrationsprojekten sowie Übertragung der Erkenntnisse in die Aus- und Weiterbildung. Die wissenschaftliche Begleitung der Förderschwerpunkte „Demonstrationsprojekte“ und „Übertragung in die Aus- und Weiterbildung“ erfolgt durch das Fraunhofer-Institut für Bauphysik und die Technische Universität München. Aktuelle Informationen zum Förderkonzept sind im Internet unter der Projekthomepage *www.EnSan.de* dargestellt.

Im Rahmen der Durchführung von Demonstrationsprojekten ist es von Interesse, die bisher umgesetzten energetischen Sanierungsbeispiele zu kennen, um daraus Erkenntnisse über vorhandenes Wissen und noch zu Erforschendes abzuleiten. Ein Kriterium für die Auswahl der Fallbeispiele war eine zuverlässige Dokumentation mit Beschreibung des Gebäudes und der Heizung vor und nach der Sanierung sowie mit Angabe der durchgeführten Maßnahmen. Der gemessene Heizenergieverbrauch vor und nach der Sanierung war ebenso von Bedeutung. In einer bundesweiten Recherche konnten insgesamt 40 dokumentierte Fallbeispiele ermittelt und zusammengestellt werden. Die Aufbereitung erfolgte für alle Gebäude aus Gründen der Vergleichbarkeit nach dem gleichen Schema. Wo Sanierungskosten vorlagen, wurden sie aufgenommen und dargestellt.

Die 40 betrachteten Wohngebäude gehen im Wesentlichen hervor aus dem von Baden-Württemberg durchgeführten Modellvorhaben zur energetischen Sanierung von Mehrfamilienhäusern, dem vom Bundesministerium für Bildung, Wissenschaft, Forschung und Technologie (BMBF) geförderten Vorhaben zur energetischen Sanierung industriell errichteter Wohnbauten in den neuen Bundesländern sowie aus dem Programm THERMIE-ALTBAU, das mit Mitteln der EU unterstützt wurde.

Das Fraunhofer-Institut für Bauphysik hat im Rahmen des Vorhabens EnSan die hier wiedergegebenen Altbauobjekte aus vorhandenen Dokumentationen ausgewertet. Einige Gebäude davon wurden auch vom Institut selbst wissenschaftlich untersucht.

(Univ.-Prof. Dr.-Ing. habil. Dr. h.c. mult. Dr. E.h. mult. Karl Gertis)

Inhalt

Einleitung

Die Kluft zwischen den Energieverbräuchen von Altbauten und Neubauten wird zunehmend größer. Hat die intensive Forschung und Entwicklung im Neubaubereich dazu geführt, daß das Niedrigenergiehaus heute gesetzlicher Standard ist, so ist der Altbau „Stiefkind" geblieben. Noch immer herrscht bei vielen Gebäudeeigentümern Unkenntnis über Möglichkeiten der energetisch sinnvollen Maßnahmen sowie über die zu erwartende Energieeinsparung. Gelegentlich wird gar die Wirkung von Dämmaßnahmen angezweifelt. Es hat sich in der Vergangenheit im Neubaubereich gezeigt, daß durchgeführte Demonstrationsprojekte mit nachvollziehbarer Darstellung der Maßnahmen und genauer Erfassung der Energieverbräuche und Angabe der Kosten überzeugend auf Bauherren wirken und zur Nachahmung bewegen.

Das Bundesministerium für Wirtschaft und Technologie (BMWi) hat daher im Rahmen des Förderkonzeptes „Energetische Sanierung der Bausubstanz (EnSan)" Demonstrationsprojekte gestartet, um für den gesamten Gebäudebereich beispielhafte Sanierungen zu zeigen und so zum Nachahmen anzuregen. Damit mit den finanziellen Mitteln ein möglichst großes Feld bisher nicht untersuchter Gebäudetypen abdeckt werden kann, sollte auch auf die gesamte Erfahrung bereits durchgeführter Vorhaben zurückgegriffen werden. In einer bundesweiten Recherche konnten 40 energetisch sanierte Wohngebäude zusammengestellt werden, die über eine umfangreiche Dokumentation verfügen mit Angaben zum Ist-Zustand und zu den durchgeführten Maßnahmen sowie zu den Energieverbräuchen vor und nach der Sanierung und zu den Kosten. Es handelt sich um wissenschaftlich begleitete Sanierungen, die im Auftrag des Wirtschaftsministeriums Baden-Württemberg und des Bundesministeriums für Bildung, Wissenschaft, Forschung und Technologie (BMBF) gefördert wurden. Weitere Gebäude wurden von den Stadtwerken Hannover im Rahmen des THERMIE-Programms der Europäischen Union gefördert und betreut. Die Förderung der Verbrauchsmessung und Dokumentation eines Gebäudes erfolgte durch das Hessische Ministerium für Umwelt, Energie, Jugend, Familie und Gesundheit.

Die Berichte und Dokumentationen der zusammengestellten Objekte weisen jeweils einen unterschiedlichen Informationsgehalt auf. Um alle Sanierungsbeispiele vergleichend darstellen zu können, wurde eine Struktur entwickelt, die eine Beschreibung aller Objekte in gleicher Informationstiefe zuläßt. Nach einer kurzen Einleitung zu den Beweggründen der Sanierung erfolgt die Angabe des Standortes und die Zuordnung zu einer der 15 Klimazonen in Deutschland. Für jede Zone liegt ein Klimadatensatz mit der Bezeichnung Testreferenzjahr (TRY) vor, der zur detaillierteren Berechnung von Heizenergieverbräuchen herangezogen wird. Bei der Beschreibung des Zustandes vor der Sanierung wird sowohl der Ist-Zustand des Gebäudes als auch der der Heizanlage erläutert. In der Regel liegen Berechnungen zum Heizenergiebedarf und Messungen zum Heizenergieverbrauch vor der Sanierung vor. Bei der Beschreibung der Sanierungsmaßnahmen sind neben den eigentlichen Maßnahmen, die zur Einsparung von Heizenergie führen, die Maßnahmen aufgeführt, die ohnehin gemacht worden wären. Es handelt sich um die Sowieso-Maßnahmen und die energetisch nicht relevanten Maßnahmen. Die Gegenüberstellung der Wärmedurchgangskoeffizienten vor und nach der Sanierung sowie der damit berechnete Heizenergiebedarf zeigt vergleichend die Auswirkungen der energetischen Maßnahmen. Die angegebenen Heizenergieverbräuche wurden im Regelfall in der ersten Heizperiode nach den Sanierungsarbeiten gemessen. Somit beziehen sich die Heizenergieverbräuche der betrachteten Gebäude in der Regel nicht auf die gleiche Heizperiode. Eine Gradtagsnormierung fand nicht statt. Für die wirtschaftliche Bewertung der energetischen Maßnahmen sind die energetisch bedingten Mehrkosten ermittelt worden. Abschließend erfolgt jeweils eine kritische Bewertung der einzelnen Maßnahmen. Mittels der jeweils gleichartig aufbereiteten Datensätze pro Gebäude konnte die in Ziffer 41 dargestellte vergleichende Analyse der betrachteten Gebäude durchgeführt werden. Für künftige Sanierungen ist es von Interesse, in welchem Rahmen bewegt sich die zu erwartende Heizenergiereduzierung, wie hoch sind die Investitionen und in welcher Zeit lassen sie sich durch Reduzierung der Heizkosten amortisieren. Anhand dieser Angaben können anstehende aber auch bereits durchgeführte Sanierungsmaßnahmen energetisch und kostenmäßig bewertet werden.

Die Zusammenstellung in diesem Buch soll zu mehr Planungssicherheit bei energetischen Sanierungen führen. Die Beispiele zeigen, daß auch Altbauten zu Niedrigenergiehäusern weiterentwickelt werden können. Das Buch soll auch dazu dienen, Vorbehalte hinsichtlich der Wirksamkeit und Effektivität der energetischen Sanierung abzubauen und zeigen, daß es sich lohnt in die Altbauten zu investieren.

1. Modellhafte energetische Modernisierung eines Mehrfamilien-Wohngebäudes in Villingen-Schwenningen

Einleitung

Das Gebäude wurde 1957 in Villingen-Schwenningen erstellt. Im Jahre 1976 fand eine Modernisierung der Heizanlage statt. In der Außenfassade waren mehrere Risse zu verzeichnen. In vielen Wohnungen zeigte sich Schimmelpilzbildung an den Außenwänden. Die Fenster waren undicht, verwittert und verzogen. Im Jahre 1996 erfolgte die bauliche und im Jahre 1997 die anlagentechnische Sanierung. Nach Abschluss der Sanierungsarbeiten wurden die Verbrauchswerte erfasst [1].

Bild 1: Südansicht des Mehrfamilien-Wohnhauses nach der Sanierung

Lage des Gebäudes

Das Gebäude wurde 1957 in Villingen-Schwenningen erstellt. Villingen-Schwenningen kann gemäß DIN V 4108, Teil 6 [2] der TRY-Region 11 (Würzburg) zugeordnet werden.

Zustand vor der Sanierung

Gebäude

Das dreigeschossige Wohngebäude umfasst 18 Wohnungen und weist eine beheizte Nutzfläche von 1110 m² auf. Das Dachgeschoss ist nicht ausgebaut. Im

Bild 2 :Südansicht des Mehrfamilien-Wohnhauses vor der Sanierung

Bild 3 ist der Grundriss eines Regelgeschosses dargestellt. Die in Villingen-Schwenningen ansässige Wohnbaugesellschaft Familienheim Schwarzwald-Baar-Heuberg ist Eigentümerin des Gebäudes. Die Außenwände wurden in Leichbetonhohlblock-Mauerwerk mit Bimszuschlag erstellt. An der Westseite wurde nachträglich eine vorgehängte Fassade mit 4 cm Mineralwolledämmung zwischen der Lattung angebracht. Es waren Verbundfenster in Holzrahmen eingebaut. In Tabelle 1 sind die Wärmedurchgangskoeffizienten der Hüllflächenbauteile vor der Sanierung angegeben. Die Dichtigkeitsmessung mit Blower-Door ergab Werte zwischen 2,6 und 8,6 h^{-1}. Die meisten Wohnungen wiesen jedoch Luftwechselzahlen zwischen 4 bis 5 h^{-1} auf.

Das Gebäude zeigte mehrere Bauschäden auf. Die Fassade war auf der Süd-, Ost- und Nordseite stark durch Risse beschädigt. In vielen Wohnungen war Schimmelpilzwachstum festzustellen. Im Obergeschoss waren die Deckenanschlüsse

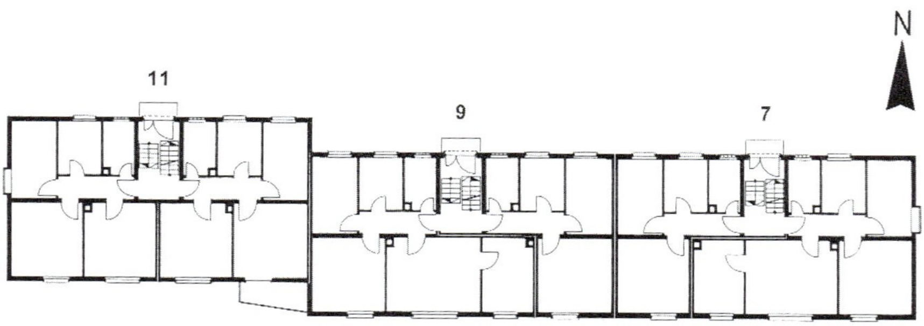

Bild 3: Grundriss eines Regelgeschosses des Mehrfamilien-Wohnhauses

zum Dachgeschoss durchgängig mit Schimmel befallen. Die Holzfenster waren stark verwittert, verzogen, schlossen nicht mehr dicht und zeigten teilweise Schimmelpilzbefall. Durch eine Thermographie konnten erhebliche Wärmebrücken an den Leibungen der Blumenfenster ermittelt werden. Weitere Wärmebrücken zeigten sich im Sockelbereich des Gebäudes.

Heizsystem

Im Zuge der Heizungsmodernisierung im Jahre 1976 wurden die Einzelfeuerstätten durch eine Zentralheizung ersetzt. Die Leistung des installierten Gussheizkessels betrug 175 kW. Die Wärmeverteilung erfolgt über ein geschlossenes Zweirohrheizungssystem mit Rücklaufbeimischung. Als Heizflächen sind in den Wohnräumen Konvektoren und in den übrigen Räumen Radiatoren eingebaut.
Das Brauchwasser wird in zwei jeweils 400 Liter fassenden Brauchwasserspeichern vom Kessel erwärmt. Die Wohnungen sind mit einer Zirkulation ausgestattet.

Energieverbrauch vor der Sanierung

Der nutzflächenbezogene Heizwärmebedarf im Zustand vor der Sanierung lag bei 162 kWh/m²a. Gemessen wurden im Jahr vor der Sanierungsmaßnahme 123 kWh/m²a. Im Gebäude wurden folglich nur ca. 75 % der Räume voll beheizt. Für die Warmwasserversorgung sind vom Kessel 45 kWh/m²a bereitgestellt worden. Die Zirkulations- und Speicherverluste lagen bei 14 kWh/m²a. Der Kesselnutzungsgrad lag bei 85,2 %, die Verteilungsverluste betrugen 6,3 %.

Sowieso-Maßnahmen

Am Gebäude hätten sowieso folgende Renovierungs- und Erneuerungsmaßnahmen durchgeführt werden müssen:

- Neuer Fassadenanstrich und Putzausbesserungen
- Auswechslung der Fenster
- Installation eines neuen Niedertemperaturkessels und eines neuen Warmwasserspeichers
- Erneuerung der Dachdeckung

Beschreibung der energetischen Verbesserungsmaßnahmen

Nach der Berechnung von Kosten und Heizwärmeeinsparung diverser baulicher Sanierungsmaßnahmen und verschiedener Heizungsanlagenausführungen eines solaren Warmwasserbereitungssystems und verschiedener mechanischer Wohnungslüftungssysteme wurde ein Sanierungskonzept empfohlen, das eine

Rückerwirtschaftung der Investitionen im Betrachtungszeitraum von 25 Jahren ermöglicht. Die folgenden Maßnahmen kamen zur Umsetzung:

- Ein 14 cm dickes Wärmedämmverbundsystem aus Polystyrol-Hartschaumdämmung WLG 040 an der Außenwand
- Fenster mit Kunststoffrahmen und einem k-Wert von 1,4 W/m^2K und einem Gesamtenergiedurchlassgrad von 48 % für die Nord-, Ost- und Westorientierungen sowie mit einem k-Wert von 1,4 W/m^2K und einem g-Wert von 65 % für die Südorientierungen und die Treppenhäuser
- 12 cm dicke Polystyrol-Hartschaumplatten (WLG 035) an der Unterseite der Kellerdecke.
- 16 cm dicke Polystyrol-Hartschaumplatten (WLG 035) mit Spanplatten als Gehbelag auf der obersten Geschossdecke
- Einbeziehung des Treppenhauses in die beheizte Zone, d. h. die Außenwanddämmung ist auf der Treppenhausaußenseite aufgebracht
- Ersatz des Gussheizkessels durch einen Brennwertkessel mit 50 kW Nennleistung
- Die Belüftung erfolgt über die Fenster, d. h. kein Einbau einer Wärmerückgewinnungsanlage

Tabelle 1: Zusammenstellung der Wärmedurchgangskoeffizienten des Mehrfamilien-Wohngebäudes vor und nach der Sanierung

Bauteil		Vor der Sanierung	Nach der Sanierung	
		k-Wert [W/m²K]	Dämmstoffdicke [cm]	k-Wert [W/m²K]
Außenwand		1,2	14,0	0,32
Kellerdecke		2,2	12,0	0,23
Oberste Geschossdecke		2,1	16,0	0,22
Fenster	Süd	2,6	–	1,40
	N/O/W	2,6	–	1,10

In Tabelle 1 sind die Dämmstoffdicken und die Wärmedurchgangskoeffizienten der Hüllflächenbauteile vor und nach der Sanierung angegeben. Die Umsetzung der Sanierungsmaßnahmen erfolgte in zwei Schritten. Im Sommer 1996 wurde die bauliche Sanierung bis auf die Kellerdeckendämmung durchgeführt, im Sommer 1997 wurde die Heizungssanierung und die Kellerdeckendämmung vorgenommen. Das Anlagenschema der Heizanlage nach der Sanierung ist in Bild 4 dargestellt. Da das Gebäude setzungsgefährdet ist, wurde kein geklebtes

Wärmedämmverbundsystem sondern ein schienengeführtes System verwendet. Alle Wärmebrücken wurden sorgfältig gedämmt. Die Dämmung des Kniestockes erfolgt sowohl an der Innenseite als auch auf der Oberseite. An den Giebelseiten wurde im Speicher die Dämmung 1 m hochgezogen. Die nachträglich erstellten Balkone stehen auf Stützen und sind thermisch von der Außenwand getrennt.

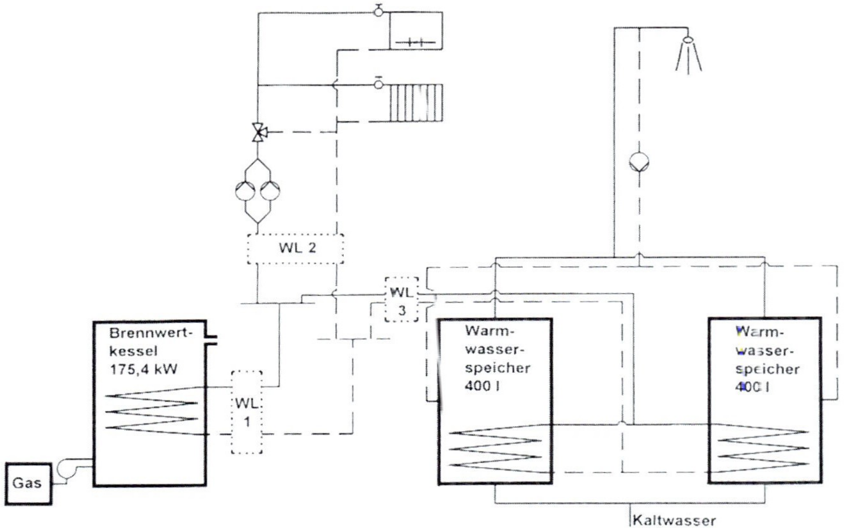

Bild 4: Anlagenschema der Heizanlage nach der Sanierung mit Angabe der Wärmemengenzähler für das Validierungsmessprogramm im Mehrfamilien-Wohnhaus

Energieeinsparung

Nachdem die baulichen Sanierungsmaßnahmen abgeschlossen waren, erfolgte die Messung der Verbrauchswerte, indem monatlich die Wärmemengen- sowie Stromzähler abgelesen wurden. In Tabelle 2 sind die Werte absolut und nutzflächenbezogen für den Zustand vor und nach der Sanierung angegeben. Der Heizwärmeverbrauch in der Heizperiode 1996/97 liegt bei 51 kWh/m²a und der Wärmeverbrauch für die Bereitstellung des Warmwassers bei 45 kWh/m²a. Die Rohrleitungs- und Verteilverluste betragen 12 kWh/m²a. Die Verluste und der Wärmeverbrauch für die Brauchwassererwärmung wiesen ähnliche Werte wie vor der Sanierung auf. Der Heizwärmeverbrauch ging jedoch um knapp 60 % zurück. Der Kesselnutzungsgrad lag bei 72 %. Während dieser ersten Messperiode waren nur die baulichen Maßnahmen mit Ausnahme der Kellerdeckendämmung abgeschlossen. In der Heizperiode 1997/98 wurde ein Heizwärmeverbrauch von 49 kWh/m²a und ein Wärmeverbrauch für die Brauchwasserbereitstellung von 37 kWh/m²a gemessen. Die Rohrleitungsverluste reduzierten sich auf 4 kWh/m²a. Durch den Kesselaustausch und die verbesserte Dämmung der

Rohrleitungen konnten die Anlagenverluste deutlich reduziert werden. Im Mittel konnte der Heizwärmeverbrauch durch die bauliche Sanierung um ca. 60 % gesenkt werden. Die Modernisierung der Heizanlage bewirkte eine Reduzierung des Wärmeverbrauchs für die Warmwasserbereitung um ca. 20 % und eine Reduzierung der Anlagenverluste um ca. 70 %.

Tabelle 2: Wärmeverbräuche für Beheizung und Warmwasserbereitung sowie Rohrleitungs- und Verteilverluste für den Zustand vor und nach der Sanierung

Kennwerte	Vor der Sanierung		Nach der Sanierung			
			Heizperiode 1996/97		Heizperiode 1997/98	
	MWh	kWh/m²a	MWh	kWh/m²a	MWh	kWh/m²a
Heizwärme	137	123	57	51	54,3	49
Wärmeverbrauch zur Brauchwasser-erwärmung	50	45	50,5	45	41,5	37
Rohrleitungs- und Verteilverluste	15	14	13,6	12	4,7	4

Kosten

Die abgerechneten Kosten für die kompletten Sanierungsmaßnahmen liegen bei 190.200 €. Die Sowieso-Maßnahmen hätten Kosten von 88.000 € verursacht. Nutzflächenbezogen sind somit für die energetische Sanierung Mehrkosten von 92 €/m² entstanden. Die Energiekosten reduzieren sich um 2.600 €/a. Dadurch ergibt sich eine monatliche Nebenkostenreduzierung von 0,20 €/m² für den Mieter. Nach Auskunft der Wohnbaugesellschaft wurden die energetisch relevanten Kosten nicht voll auf die Miete umgelegt. Die Gesamtmaßnahme führt zu einer statischen Amortisationszeit von ca. 30 Jahren, was maßgeblich durch die geringen Verbrauchskosten im Tarifgebiet Villingen verursacht wird. In Heilbronn beispielsweise hätte sich die gleiche Maßnahme in ca. 20 Jahren amortisiert.

Kritische Bewertung

Die Sanierungsmaßnahmen fanden bei den Bewohnern große Akzeptanz. Die Lichtverhältnisse sind allerdings durch die Fenster mit breiterem Rahmen etwas schlechter geworden. Die Bewohner empfinden dies jedoch nicht als störend. Schimmelpilzbefall ist in keiner Wohnung aufgetreten.

Die vorherberechneten Heizwärme- und Heizenergieeinsparungen konnten übertroffen werden. Die entstandenen Kosten liegen geringfügig über den vorausgesagten. Der Umfang der wirtschaftlich zu vertretenden Maßnahmen hängt in hohem Maße von den erforderlichen Sowieso-Maßnahmen ab. Daher ist es wichtig, eine fundierte Gebäudeaufnahme zu machen. Eine Energiediagnose ist hierfür geeignet. In wirtschaftlicher Reihenfolge können folgende Sanierungsmaßnahmen genannt werden:

1. Heizkesselaustausch
2. Dämmung der obersten Geschossdecke (16 cm Polystyrol-Hartschaum)
3. Kellerdeckendämmung (12 cm Polystyrol-Hartschaum)
4. Zweischeiben-Wärmeschutzverglasung im Süden
5. (k_F < 1,4 W/m²K; g > 0,65)
6. Dreischeiben-Wärmeschutzverglasung im Norden/Osten/Westen
7. (k_F < 1,1 W/m²K; g > 0,5)
8. Außenwandwärmedämmverbundsystem (12 cm Polystyrol-Hartschaum)

Eine besonders hohe Wirtschaftlichkeit der Sanierungsmaßnahmen ergibt sich für Regionen, in denen die verbrauchsgebundenen Energiepreise (Arbeitspreise) hoch sind. Bei den baulichen Maßnahmen stellen sich konventionelle Dämmsysteme als besonders wirtschaftlich dar. Die Güte der wirtschaftlichen Verglasung der Fenstersysteme ist orientierungsabhängig. Bei anlagentechnischen Maßnahmen ist der Einsatz eines Brennwertkessels zwingend, da alle anderen Lösungen zu höheren Barwerten führen würden. Lüftungsanlagen erreichen nicht annähernd die Wirtschaftlichkeit. Soweit nicht aus anderen Gründen wie beispielsweise Straßenlärm oder Staubbelastung der Einbau einer Wohnungslüftung vordringlich ist, sind solche Systeme für energetische Sanierungskonzepte wirtschaftlich derzeit ungeeignet.

Eine Notwendigkeit für diese Anlagen zur Vermeidung von Schimmelpilzen besteht nicht. Schäden treten praktisch nur bei unsachgemäßer Ausführung (Wärmebrücken) oder bei untypischer Nutzung (zu hohe Feuchtebelastung) auf. Ein hoher Wärmeschutz mindert die nutzerbezogene Schadensanfälligkeit. Bei der baulichen Umsetzung sind zeichnerische Vorgaben im Detail erforderlich, um dem Handwerker kritische Punkte aufzuzeigen. Auf der Baustelle ist eine gewissenhafte fachliche Bauleitung notwendig, um nicht durch Ausführungsfehler die teuren Energiesparmaßnahmen außer Kraft zu setzen.

Literatur

[1] *Erhorn, H.; Hellwig, R.; Kluttig, H.:* Modellhafte energetische Modernisierung von zwei Mehrfamilien-Wohnanlagen in Heilbronn und Villingen-Schwenningen. Erkenntnisse, Erfahrungen und Empfehlungen. Bericht WB 99/1998 des Fraunhofer-Instituts für Bauphysik, Stuttgart 1998.

[2] DIN 4108 V; Teil 6: Wärmeschutz und Energie-Einsparung in Gebäuden. Berechnung des Jahresheizwärme- und Jahresheizenergiebedarfs. Ausgabe November 2000.

2. Modellhafte energetische Sanierung eines Mehrfamilien-Wohngebäudes in Heilbronn

Einleitung

Das Gebäude wurde 1959/60 erstellt und besteht aus insgesamt 9 Wohnungen. In den Wohnungen wurden unterschiedliche Heizsysteme verwendet. Im Sockelbereich kam es zu größeren Putzabplatzungen. Die Fenster und teilweise auch das Dach waren undicht. Nach Abschluss der Sanierungsarbeiten 1996 wurden die Verbrauchswerte erfasst [1].

Bild 1: Ostansicht des Mehrfamilienwohnhauses in Heilbronn nach der Sanierung

Lage des Gebäudes

Das Gebäude wurde 1959/60 in der Schellingstraße 18-20 in Heilbronn erstellt. Heilbronn kann gemäß DIN 4108, Teil 6, der TRY-Region 11 (Würzburg) zugeordnet werden.

Zustand vor der Sanierung

Gebäude

Das Gebäude umfasst drei $4\frac{1}{2}$- und sechs 3-Zimmer-Wohnungen mit einer beheizten Nutzfläche von insgesamt 710 m^2. Das Dachgeschoss ist nicht ausgebaut. Die Außenwände bestehen aus beidseitig verputzten Leichtbetonhohl-

blocksteinen. Die Wohnungen waren mit Verbundfenstern ausgestattet, welche über aufgesetzte, eingebaute oder teilweise keine Rollläden verfügten. Tabelle 1 zeigt die Wärmedurchgangskoeffizienten der entsprechenden Bauteile vor der Sanierung. Beim Überprüfen der Luftdichtheit (Blower-Door) ergaben sich für die Luftwechselzahlen Werte im Bereich zwischen 3,2 und 5,0 h^{-1}. Die größten Undichtheiten lagen im Bereich der Fenster, der eingebauten Rollladenkästen und der Kaminanschlüsse.
Bei den durchgeführten Thermographieaufnahmen wurden vor allem die nach außen durchlaufenden Balkonplatten und die eingebauten Rollladenkästen als Wärmebrücken ermittelt.

Bild 2: Ostansicht des Mehrfamilienwohnhauses in Heilbronn vor der Sanierung

Heizsystem

Hauptsächlich wurden zur Beheizung von ein bzw. zwei Zimmern und dem Flur zentrale mit Gas oder Kohle betriebene Kachelöfen verwendet. Zusätzlich waren in einigen Wohnungen im Bad elektrische Heizstrahler und mit Holz, Kohle oder Gas betriebene Beistellherde vorhanden. Die Warmwasserbereitung erfolgte in erster Linie durch elektrische Untertischspeicher und Gasdurchlauferhitzer.

Energieverbrauch vor der Sanierung

Der Energieverbrauch für Heizwärme vor der Sanierungsmaßnahme belief sich auf 142 kWh/m^2a. Der nutzflächenbezogene Heizwärmebedarf wurde zu 164 kWh/m^2a ermittelt. Daraus ergibt sich, dass nur 85% der Räume beheizt wurden.

Bild 3: Grundriss eines Regelgeschosses des Mehrfamilienwohnhauses in Heilbronn

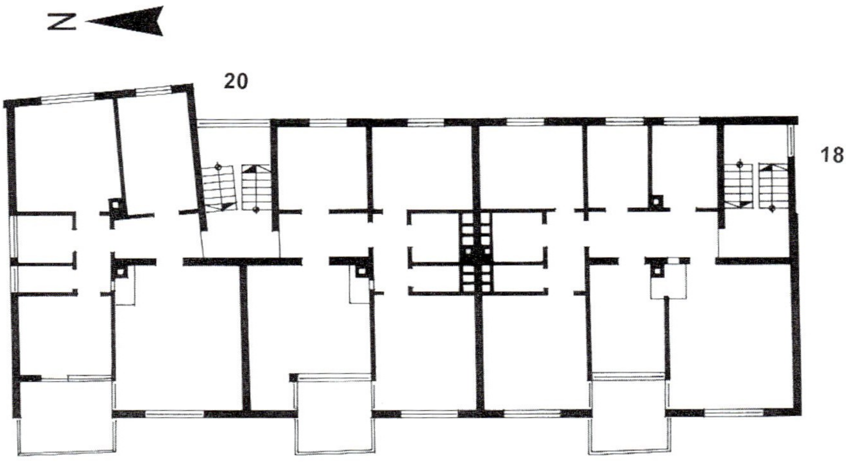

Sowieso-Maßnahmen

Vom Wohnbauträger, der Stadtsiedlung Heilbronn, waren sowieso folgende Sanierungsmaßnahmen geplant:

- Putzausbesserungen der Fassade und Fassadenanstrich
- Fensterersatz
- Zentralheizungssystem mit zentraler Warmwasserversorgung mittels Niedertemperaturkessel

Beschreibung der energetischen Verbesserungsmaßnahmen

Nach der Bewertung der Sanierungsvarianten kamen verschiedene Maßnahmen zum Einsatz. Es kamen nicht alle empfohlenen Maßnahmen zur Ausführung, was bei einigen Bauteilen zu einer Verschlechterung des k-Wertes gegenüber der Empfehlung führte (siehe Tabelle 1).

Tabelle 1: Gegenüberstellung der Wärmedurchgangskoeffizienten der wärmetauschenden Bauteile vor der Sanierung, gemäß der Empfehlung sowie gemäß der ausgeführten Sanierung für das Gebäude in Heilbronn

Bauteil	Wärmedurchgangskoeffizient [W/m²K]		
	Vor der Sanierung	Gemäß Empfehlung	Nach der Sanierung
Außenwand	1,21	0,31	0,34
Balkonwände	1,21	0,31	0,62
Treppenhauswand	2,19	0,34	0,37
Wohnungsfenster	2,54	1,10	1,30
Treppenhausfenster	5,20	1,40	1,30
Oberste Geschossdecke	0,75	0,19	0,19
Kellerdecke	0,82	0,22	0,37

Die realisierten Maßnahmen im einzelnen waren:

- Aufbringen einer 12 cm dicken Außenwanddämmung der Wärmeleitfähigkeitsgruppe 040 aus Polystyrol
- Dämmung der Kellerdecke mit 6 cm dicken Polystyrol-Hartschaumplatten der Wärmeleitfähigkeitsgruppe 035
- Dämmung der Außenwände der einspringenden Balkone mit 4 cm dicker Dämmschicht
- Austausch der Wohnungseingangstüren
- Unterseitige Dämmung der auskragenden Balkonplatten zur Reduzierung der Wärmebrückenwirkung
- Ersetzen der eingebauten Rollladenkästen durch außen aufgesetzte Mini-Rollläden
- Einbau einer 16 cm dicken Polystyrol-Hartschaumplatte (WLG 040) auf die oberste Geschossdecke

Bei der Sowieso-Maßnahme Fensterersatz wiesen die neuen Fenster einen k-Wert von 1,3 W/m^2K auf.
Das Zentralheizungssystem wurde gemäß Bild 4 ausgeführt.

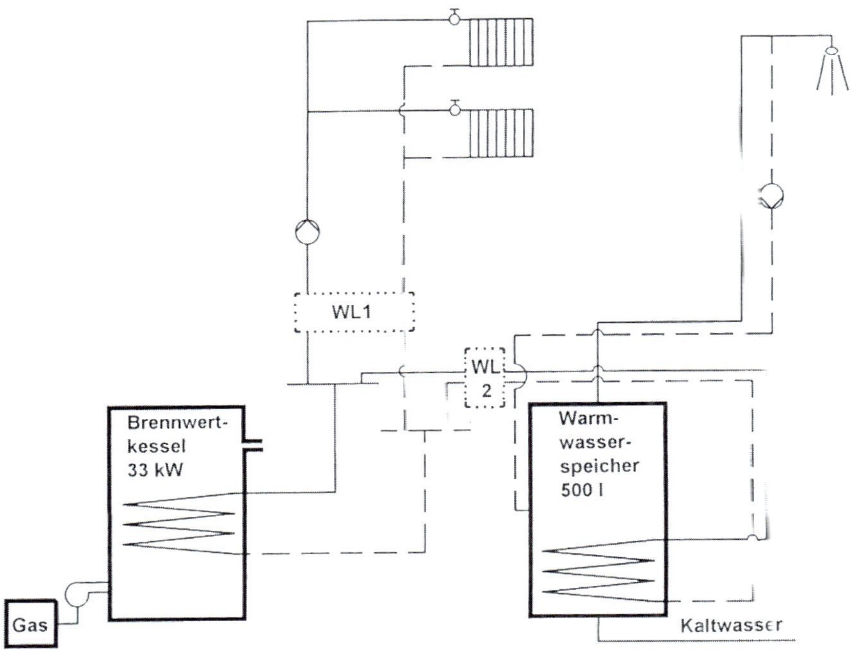

Bild 4: Anlagenschema für die ausgeführte Heizanlage mit zentraler Warmwasserbereitung mit Angabe der Wärmemengenzähler für das Validierungsmessprogramm im Mehrfamilienwohnhaus in Heilbronn

Energieeinsparung

Über zwei Heizperioden hinweg (September 1996 bis Mai 1998) wurden der Heizwärmeverbrauch, der Wärmeverbrauch zur Warmwasserbereitung und der Gasverbrauch erfasst. In der ersten Heizperiode betrug der Heizwärmeverbrauch 65 kWh/m^{2}a und der Heizenergieverbrauch zur Beheizung und Warmwasserbereitung 100 kWh/m^{2}a. In der zweiten Heizperiode wies das Gebäude einen Heizwärmeverbrauch von 50 kWh/m^{2}a und einen Heizenergieverbrauch für Heizung und Warmwasserbereitung von 85 kWh/m^{2}a auf. Anlagen- und Verteilungsverluste sind in diesen Werten enthalten. Der Nutzungsgrad des Brennwertkessels lag gleichbleibend bei 90 %. Die Verbesserung der Werte in der zweiten Heizperiode muss auf die nicht vollständig abgeschlossenen Sanierungsarbeiten zu Beginn der ersten Heizperiode zurückgeführt werden. Im Vergleich zum Heizwärmeverbrauch vor der Sanierung konnte eine Reduzierung um über 65 % erreicht werden.

Bild 5: Gegenüberstellung der nutzflächenbezogenen Energieverbräuche für Heizung und Warmwasserbereitung vor und nach der Sanierung

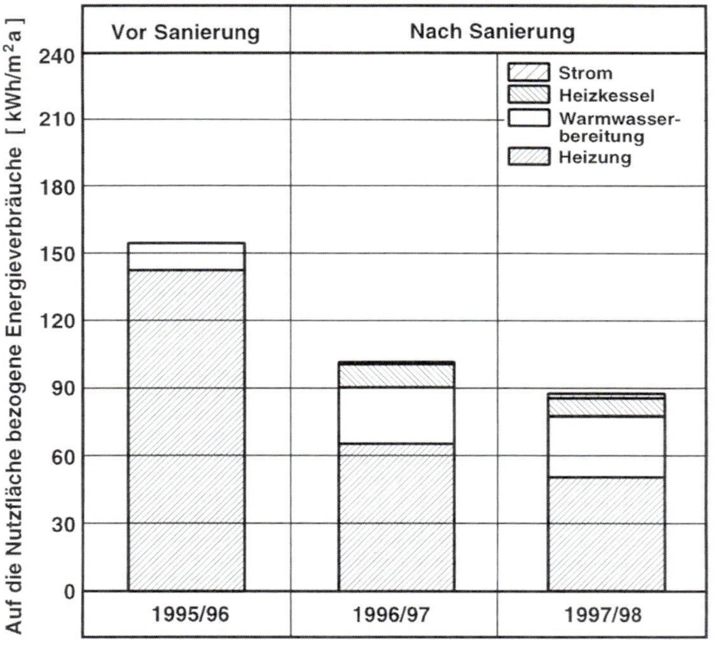

Kosten

Eine genaue Energiekostenermittlung vor der Sanierung ist durch die sehr unterschiedlichen und vielfältigen Heizungs- und Warmwasserbereitungssysteme in den Wohnungen nicht möglich. Bei Zugrundelegung eines durchschnittlichen Arbeitspreises für die eingesetzten Energieträger von 0,025 €/kWh belaufen sich die Heizenergiekosten auf ca. 2.800 €/a vor der Sanierung. Demgegenüber stehen nach der Sanierung Heizenergiekosten in Höhe von ca. 1.600 €/a. Unter Berücksichtigung der geänderten Wartungs- und Kehrgebührkosten ergibt sich eine monatliche Nebenkostenreduzierung von ca. 0,13 €/m^2 pro Mieter. Die erhöhten Investitionen für wärmetechnische Maßnahmen von ca. 59.000 € lassen sich durch die ermittelte Heizkostenreduzierung in ca. 20 Jahren rückerwirtschaften.

Kritische Bewertung

Wichtig für den Erfolg von energetischen Sanierungsmaßnahmen ist neben den messbaren Einsparwerten auch die Akzeptanz der Maßnahme bei den Bewohnern. Trotz anfänglicher Skepsis wurde die Sanierung von allen Mietern als positiv bewertet. Die wärmetechnischen Maßnahmen wurden dabei als wichtiger angesehen als beispielsweise die Sanierung der Bäder und des Treppenhauses. Die sanierungsbedingte Mieterhöhung wurde von den Befragten als angemessen empfunden. Zwei Jahre nach der Sanierung konnten keine Bauschäden, wie etwa Schimmelpilzbildung, in den Wohnungen festgestellt werden. Unter Berücksichtigung von Sowieso-Maßnahmen und ausreichend langen Betrachtungszeiträumen sind eine Reihe von Sanierungsvarianten wirtschaftlich. Die Sanierung wird auch von der Wohnungsbaugesellschaft als sehr positiv eingestuft.

Literatur

[1] *Erhorn, H.; Hellwig, R.; Kluttig, H.*: Modellhafte energetische Modernisierung von zwei Mehrfamilienwohnhäusern in Heilbronn und Villingen-Schwenningen. Erkenntnisse, Erfahrungen und Empfehlungen. Bericht WB 99/1998 des Fraunhofer-Instituts für Bauphysik, Stuttgart 1998.

3. Sanierung eines 32-Familien-Hochhauses in Gärtringen

Einleitung

Das achtgeschossige Gebäude wurde 1967 in Gärtringen erstellt. Als eines von vier Modellobjekten diente es nach Fertigstellung der Sanierungsarbeiten im Jahr 1997 zur Überprüfung der praktischen Anwendbarkeit und Effizienz des Landesmodernisierungsprogramms [1].

Bild 1: Gebäudeansicht des Hochhauses in Gärtringen nach Abschluss der Sanierungsmaßnahmen

Lage des Gebäudes

Das 1967 erstellte Gebäude befindet sich in der Langestraße 7-9 in Gärtringen. Gärtringen kann gemäß DIN 4108, Teil 6, der TRY-Region 11 (Würzburg) zugeordnet werden.

Zustand vor der Sanierung

Gebäude

Insgesamt 32 Wohnungen beherbergt der in Plattenbauweise mit Flachdach hergestellte achtgeschossige Wohnblock. Das beheizte Volumen beläuft sich auf 8.769 m^3 und die Hüllfläche des Gebäudes beträgt 2.759 m^2. Daraus resultiert ein Kompaktheitsgrad von 0,31 m^{-1} und eine Energiebezugsfläche von 2.806 m^2.

Die Außenwand bestand aus einer Betontafel mit Holzspanbetonkern. Die Fenster enthielten teilweise Verbund- und teilweise Isolierverglasung. Teile der Fenster waren vor der Sanierung bereits renoviert worden und hatten eine Wärmeschutzverglasung. Aufgrund fehlender Unterlagen wurde nur eine grobe Abschätzung des bestehenden Wärmeschutzes vorgenommen (siehe Tabelle 1).

Bild 2: Gebäudeansicht des Hochhauses in Gärtringen zu Beginn der Sanierungsmaßnahmen

Heizsystem

Die Heizung wurde 1983 saniert und bestand seitdem aus zwei Öl-Heizkesseln mit jeweils 144 kW Leistung im zweistufigen Betrieb. Zur Warmwasserbereitung war ein zentraler Warmwasser-Doppelspeicher bereitgestellt worden (siehe Bild 3). Die Heizleistungen der Heizkessel wurden als stark überdimensioniert bewertet. Eine Überprüfung des Heiznetzes durch die Analyse der Temperaturspreizung zwischen Heizungsvor- und -rücklauf und der installierten Pumpenleistung war für eine optimale Brennwertnutzung unumgänglich.

Energieverbrauch vor der Sanierung

Eine Berechnung unter Zugrundelegung eines mittleren Heizölverbrauchs von 42.600 l/Jahr ergab eine Verbrauchskennzahl von 161 kWh/m^2 vor der Sanierung.

Sowieso-Maßnahmen

Schon früher festgelegte Maßnahmen zur Instandhaltung des Gebäudes waren:

- Fassaden- und Balkonsanierung
- teilweise Fenstererneuerung

Beschreibung der energetischen Verbesserungsmaßnahmen

Das Sanierungskonzept für dieses Gebäude gliederte sich hauptsächlich in folgende Schritte:

- Stilllegen eines Heizkessels
- Dämmung der Außenwand mit einer 12 cm dicken Mineralwolledämmschicht. Im Zuge dieser Maßnahme wurde eine neue Außenfassade in Form hinterlüfteter Faserzementplatten auf einer dreilagigen, in einer ROSTAN-Fassade verdübelten Holzunterkonstruktion erstellt. Der Einbau von temperaturgesteuerten Zuluft-Tellerventilen in die Schlafzimmeraußenwände gewährleistete eine ausreichende Versorgung der Schlafzimmer mit Frischluft ohne zusätzliche freie Fensterlüftung
- Einbau von Dachventilatoren im Bereich der innenliegenden Toiletten zur Regulierung der Abluftströme (aktive Schachtentlüftung)
- Verbesserung der Dachhaut durch eine Polystyrol-Gefälledämmung mit einer mittleren Dämmstoffstärke von 10 cm und einer neuen bituminösen Abdichtung
- Ersetzen der Fenster durch Kunststoff-Fensterrahmen mit Wärmeschutzverglasung (k-Wert: 1,4 W/m^{2}K)

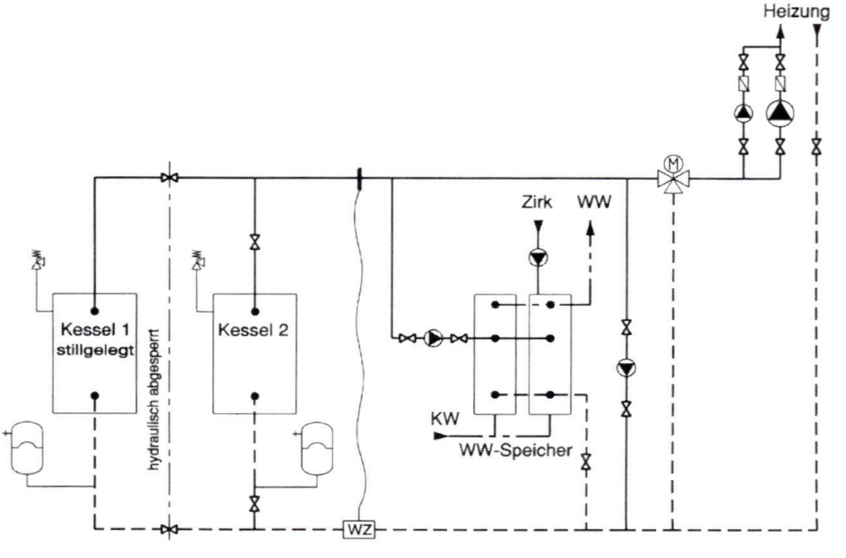

Bild 3: Heizölbefeuerte Zweikessel-Heizungsanlage mit Warmwasser-Doppelspeicher – Sanierung durch Stilllegung des linken Kessels

Zur Untersuchung der Wohnungsbelüftung über die Außenwand-Tellerventile kam ein Tracergas-Messgerät zum Einsatz. Das Anbringen von Dämmung an der Kellerdecke erwies sich durch die vorhandenen Versorgungsleitungen, Lampensockel etc. als äußerst schwierig. Deshalb kam nur eine 60 mm starke Polystyrol-Wärmedämmung zur Reduktion der Wärmebrückenwirkung zum Einsatz. Im Rahmen der Heizungssanierung wurde durch die Stilllegung eines Heizkessels eine Reduzierung des Energiebedarfs für die Wärmeerzeugung um ca. 40 % vorhergesagt.

Bauteil	Wärmedurchgangskoeffizient [W/m²K]	
	Vor der Sanierung	Nach der Sanierung
Außenwand	0,97	0,27
Flachdach	0,56	0,25
Fenster	2,60/1,70	1,40

Tabelle 1: Zusammenstellung der Wärmedurchgangskoeffizienten der Bauteile vor und nach der Sanierung

Energieeinsparung

Der Heizwärmeverbrauch sank in der Heizperiode 1997/98 auf einen Wert von 103 kWh/m² und liegt damit um 36 % unter den Vergleichswerten der Vorjahre. Damit konnte das prognostizierte Einsparungspotential von 42 % und das angestrebte Sanierungsziel von 24.600 l Heizöl/Jahr bzw. 93 kWh/m² nicht ganz erreicht werden.

Für das Sanierungskonzept ließ sich ein Heizwärmebedarf von 79,4 kWh/m²a berechnen. Dieser Wert liegt knapp unter den Anforderungen des zum Zeitpunkt der Ausführung geltenden Landesmodifizierungsprogramms (84 kWh/m²a), überschreitet aber die Anforderungen nach WSVO '95 von 60 kWh/m²a.

Kosten

Zu den Sanierungskosten stehen keine ins Detail gehenden Informationen zur Verfügung. Bei der Untersuchung der Wirtschaftlichkeit wurde von folgenden Amortisationszeiträumen der entsprechenden Investitionen ausgegangen:

Heizung/Lüftung	max. 20 Jahre
Fassadendämmung	max. 50 Jahre
Dachdämmung	max. 20 Jahre

Kritische Bewertung

Es wurde deutlich, dass die Entscheidung für eine Sanierungsmaßnahme von der Einschätzung des langfristigen Immobilienerhalts geprägt ist. Bauliche und anlagentechnische Maßnahmen wie z. B. die Installation der lüftungstechnischen Anlagen stießen bei den Mietern trotz ihrer guten Amortisation auf Ablehnung, während die Fenstererneuerung mit extrem hohen Amortisationszeiten wegen einer sehr hohen Nutzerakzeptanz diskussionslos festgelegt wurde. Das Sanierungspotential bei Gebäuden dieser Bauart liegt bei Einsparprozentsätzen von 40 % (ohne Brennwerttechnik) bis 50 % (mit Brennwerttechnik). Damit erreichen sanierte Altbauten das Wärmeschutzniveau von Neubauten nach der WSVO '95.

Literatur

[1] *Giel, T.; Söllner, B.; Stäbler, W.; Stohrer, M.; Zink, J.*: Energetische Modernisierung von Altbauten; Schlussbericht BPH 198/95 der Forschungs- und Entwicklungsgemeinschaft für Bauphysik e.V. (FEB) an der Fachhochschule für Technik Stuttgart.

4. Sanierung eines 8-Familienhauses in Heilbronn

Einleitung

Das Gebäude besteht aus 4 Geschossen und wurde 1955 in Heilbronn erstellt. Im Jahre 1969/70 kam es zu einem Umbau des Gebäudes und zu einer Sanierung des Heizungssystems. Im Rahmen einer Untersuchung des Wirtschaftsministeriums wurde 1996/97 eine wissenschaftlich begleitende Sanierung durchgeführt [1].

Bild 1: Gebäudeansicht des Mehrfamilienhauses nach Abschluss der Sanierungsmaßnahmen

Lage des Gebäudes

Das Gebäude wurde 1955 in der Bismarckstraße 74 in Heilbronn erstellt. Heilbronn kann gemäß DIN V 4108, Teil 6, der TRY-Region 11 (Würzburg) zugeordnet werden.

Zustand vor der Sanierung

Gebäude

Das viergeschossige Gebäude beinhaltet acht Wohnungen und umfasst ein beheiztes Volumen von 1.562 m³. Das Dach wurde als Walmdach in Holzbauweise ausgeführt. Die Größe der Hüllfläche beläuft sich auf 846 m², wodurch sich ein

Bild 2: Gebäudeansicht des Mehrfamilienhauses zu Beginn der Sanierungsmaßnahmen

Kompaktheitsgrad von 0,54 m^{-1} und eine Energiebezugsfläche von 500 m^2 ergibt. Die Außenwände waren beidseitig verputzt und bestanden aus 24 cm dicken Leichtbeton-Hohlblocksteinen. In der Dachschräge wurden verputzte Holzwolle-Leichtbauplatten auf die Sparren montiert und die Decke des Dachgeschosses bestand aus Kehlbalken mit Schlackenfüllung. Die Abseiten des Dachgeschosses bestanden aus 11,5 cm starken Bims-Vollsteinen. Die Kellerdecke erwies sich als Hohlkörperdecke, auf die ein Verbundestrich aufgebracht worden war. Als Fenster waren Verbundfenster mit außenliegenden Vorbau-Minirollläden verwendet worden. Die sich daraus ergebenden Wärmedurchgangskoeffizienten vor der Sanierung sind in Tabelle 1 aufgeführt.

Heizsystem

Im Zuge der Modernisierung 1970 wurde ein Gas-Wechselbrandkessel mit 81,2 kW Leistung installiert. Die Warmwasserbereitung erfolgte weiterhin dezentral durch Gas- und Elektroboiler.

Energieverbrauch vor der Sanierung

Der mittlere Verbrauch lag bei 101,4 MWh/a. Damit ergab sich eine Verbrauchskennzahl von 203 kWh/m^2a.

Sowieso-Maßnahmen

Am Gebäude hätten sowieso folgende Sanierungsmaßnahmen durchgeführt werden müssen:

- Putzsanierung
- Erneuerung der Dachdeckung
- Fenstererneuerung

Beschreibung der energetischen Verbesserungsmaßnahmen

Zur energetischen Sanierung wurde ein Soll-Zustand entwickelt, mit dem die energetischen Anforderungen des Landesmodernisierungsprogramms sicher erfüllt werden. Um diesen Soll-Zustand zu erreichen, kamen folgende Maßnahmen zum Einsatz:

- Dämmung der Außenwand mit einem 12 cm starken Polystyrol-Wärmedämmverbundsystem, das auf die bestehende Wand aufgebracht wurde
- Dämmung der Dachgeschossdecke durch Holzspan-EPS-Verbundelemente mit einer Nut- und Feder-Verbindung (Dicke: 12 cm)
- Verwendung von 12 cm dicken Mineralwolle-Klemmfilzen (WLG 035) zur Dämmung der Dachschräge zwischen den Sparren
- Dämmung der Gaubenwände mit 8 cm Mineralwolle-Klemmfilz
- Anbringen einer unterseitigen Polystyrol-Wärmedämmung (Dicke 6 cm) auf die Kellerdecke und Verspachtelung mit einem Armierungsgewebe
- Ersetzen der alten Fenster durch Kunststoff-Fensterrahmen mit Wärmeschutzverglasung und integrierten Aufsatzrollladenelementen
- Installation eines neuen 28 kW Gas-Brennwert-Kessels

Außerdem wurde durch Messungen der Temperaturspreizung und durch die nachträglich installierte starke Heizkreis-Umwälzpumpe (330 W) erkannt, dass das bestehende Einrohr-Heiznetz nicht hydraulisch abgeglichen arbeitete. Deshalb wurde das Heizungssystem mit Thermostatventilen nachgerüstet, um einen hydraulischen Abgleich herbeizuführen. Der Übergang von einer dezentralen zu einer zentralen Warmwasserbereitung wurde von den Mietern wegen Bauschmutz abgelehnt.

Bauteil	Wärmedurchgangskoeffizient [W/m²K]	
	Vor der Sanierung	Nach der Sanierung
Außenwand	1,27	0,26
Dachschräge	1,60	0,30
DG-Decke	0,60	0,21
Kellerdecke	1,00	0,45
Fenster	2,50	1,60

Tabelle 1: Zusammenstellung der Wärmedurchgangskoeffizienten des Mehrfamilienwohnhauses vor und nach der Sanierung

Energieeinsparung

Durch erhebliche Verzögerungen bei der anlagentechnischen Fertigstellung konnten erst in der Heizperiode 1997/98 verwertbare Ergebnisse gemessen werden. Der auf die Energiebezugsfläche bezogene Heizenergieverbrauch reduzierte sich auf 110,7 kWh/m^2. Dies entspricht einem prozentualen Rückgang von ca. 45 %, also knapp unter den prognostizierten Wert von 49 % (Das Sanierungsziel war 52 MWh/a bzw. 103 kWh/m^2). Als Folge der hydraulischen Unabgeglichenheit des Einrohr-Heiznetzes ist der Kondensationsbetrieb des Gas-Brennwertkessels eingeschränkt und der Nutzungsgrad liegt im Bereich von 90 %. Eine Berechnung des Heizwärmebedarfs nach WSVO '95 ergab für das Wärmeschutz-Sanierungskonzept einen Wert von 74,2 kWh/m^{2}a. Dieser Wert liegt weit unter den Anforderungen des Landesmodifizierungsprogramms (101,5 kWh/m^{2}a) und knapp über den Anforderungen nach WSVO '95 (72,5 kWh/m^{2}a).

Kosten

Die Kosten für die Erneuerung der Heizungsanlage durch eine 28 kW Gas-Brennwertheizung beliefen sich auf 13.000 €. Die anderen Sanierungsarbeiten am Gebäude wurden zu folgenden Festpreisen vergeben:

12 cm Polystyrol-Fassadenverbundsystem	54,– bis 87,– €/m^2
6 cm Polystyrol-Kellerdeckendämmung	23,– bis 28,– €/m^2
12 cm Polystyrol-Dämmboden DG-Decke	23,– bis 61,– €/m^2
12 cm Sparren-Gefachdämmung	9,– bis 15,– €/m^2

Diese groben Werte sind unvollständig und können lediglich gewisse Anhaltspunkte zur groben Abschätzung der gesamten Kosten darstellen. Leider stehen genauere Angaben nicht zur Verfügung.

Kritische Bewertung

Da die hydraulische Abgeglichenheit einen wesentlichen Einfluss auf den Nutzungsgrad von Brennwert-Heizkesseln hat ist eine hydraulische Überprüfung des Heizungsrohrnetzes erforderlich.

Man konnte feststellen, dass das nachträgliche Anbringen von Wärmedämmung im Bereich von Dachschrägen und Dachgeschossdecken problemlos ist. Kellerdeckendämmungen sind aufgrund von verlegten Leitungen, Anschlüssen etc. als handwerklich wesentlich aufwendiger zu beurteilen.

Neben renovierungsüblichen Klagen der Mieter (z. B. Ausführungsmängel, Bauschmutz, Bauzeitlänge etc.) wurde vor allem die geringere Raumhelligkeit durch

Fenster mit Aufsatz-Rollladenkästen bemängelt, da die Fensterhöhe dadurch um ca. 15 cm reduziert wird.

Literatur

[1] *Giel, T.; Söllner, B.; Stäbler, W.; Stohrer, M.; Zink, J.:* Energetische Modernisierung von Altbauten; Schlussbericht BPH 198/95 der Forschungs- und Entwicklungsgemeinschaft für Bauphysik e.V. (FEB) an der Fachhochschule für Technik Stuttgart.

5. Sanierung eines 18-Familienwohnblocks in Schwäbisch-Gmünd

Einleitung

Das Gebäude wurde 1956 in Schwäbisch-Gmünd erstellt. Das Mehrfamilienhaus besteht aus vier Geschossen und wurde 1980 sowohl gebäude- als auch heizungsanlagentechnisch renoviert. Im Rahmen der Entwicklung eines energetischen Sanierungskonzeptes kam es dann 1996/97 zur Modernisierung [1].

Bild 1: Gebäudeansicht des Mehrfamilienhauses nach Abschluss der Sanierungsmaßnahmen

Lage des Gebäudes

Das Gebäude wurde 1956 im Heinrich-Steimle-Weg 12-16 in Schwäbisch-Gmünd erstellt. Schwäbisch-Gmünd kann gemäß DIN V 4108, Teil 6, der TRY-Region 11 (Würzburg) zugeordnet werden.

Zustand vor der Sanierung

Gebäude

Der viergeschossige Dreispänner beinhaltet 18 Wohnungen. Das Nord-Süd-Satteldach wurde in Holzbauweise errichtet. Das Gebäude weist ein beheiztes Volumen von 3015 m^3 und eine wärmetauschende Hüllfläche von 1614 m^2 auf. Damit wird ein Kompaktheitsgrad von 0,54 m^{-1} erreicht. Die Nutzfläche gemäß Wärmeschutzverordnung berechnet sich zu 965 m^2. Die Außenwände bestanden aus beidseitig verputzten Hochlochziegeln mit einer Dicke von 24 cm. Die Dachgeschossdecke wurde aus Kehlbalken mit Schlackenfüllung und die Kellerdecke als Hohlkörperdecke mit Verbundestrich erstellt. Die Verbundfenster hatten Klappläden.

Bild 2: Gebäudeansicht des Mehrfamilienhauses zu Beginn der Sanierungsmaßnahmen

Heizsystem

Bei der Sanierung der Heizungsanlage im Jahr 1980 wurden für 10 Wohneinheiten dezentrale Gas-Einzelofenheizungen und für 8 Wohneinheiten Gas-Etagenheizungen installiert. Die Warmwasserbereitung wurde weiterhin mit dezentralen Gas-Boilern durchgeführt.

Energieverbrauch vor der Sanierung

Bei der Bestimmung des Gasverbrauchs vor der Sanierung konnte der Kochgasverbrauch nicht bestimmt werden. Somit wurde ein mittlerer Verbrauch inklusive Kochgas von 233 MWh/a bzw. 232 kWh/m^2a ermittelt.

Sowieso-Maßnahmen

Von der Wohnungsgesellschaft sowieso durchzuführende und geplante Sanierungsarbeiten waren:

- Putzsanierung
- Erneuerung der Dachdeckung
- Fensteraustausch

Beschreibung der energetischen Verbesserungsmaßnahmen

Bei der Planung und Simulation des Sanierungskonzepts wurde durch einen Ist/Soll-Vergleich deutlich, dass die größten Einsparpotentiale bei der Dämmung der Außenwände und der Dachgeschossdecke liegen. Folgende Maßnahmen kamen zum Einsatz:

- Anbringen einer Wärmedämmung aus 12 cm dickem Polystyrol-Fassaden-Verbundsystem auf die bestehende Außenwand und nachträgliches Verputzen mit mineralischem Außenputz
- Verwenden einer 12 cm starken Mineralwolledämmung für die Decke des Dachgeschosses. Zusätzlich wurden auf dem Holz-Dachboden Spanplatten (Stärke 22 mm) schwimmend verlegt
- Dämmung der Kellerdecke durch eine 6 cm dicke unterseitige Polystyrol-Wärmedämmung, die als Gipskarton-Verbundplatte eingebaut wurde
- Ersetzen der alten Fenster durch Fenster mit Wärmeschutzverglasung (k-Wert: 1,4 W/m^{2}K) in Kunststoffrahmen

Tabelle 1: Zusammenstellung der Wärmedurchgangskoeffizienten vor und nach der Sanierung

Bauteil	Wärmedurchgangskoeffizient [W/m^{2}K]	
	Vor der Sanierung	Nach der Sanierung
Außenwand	1,40	0,26
DG-Decke	1,50	0,26
Kellerdecke	0,90	0,70
Fenster	2,60	1,40

Durch den Einbau einer neuen Heizungsverteilung und der Neuinstallation eines 60 kW Gas-Brennwert-Kessels (modulierend absenkbar auf 32 kW) und eines Warmwasser-Speichers wurde sowohl die Heizung als auch die Warmwasserbereitung zentralisiert. Außerdem wurden zur Reduzierung der freien Fensterlüftung dezentrale mechanische Entlüftungen in Form von zweistufigen WC-Ventilatoren eingebaut.

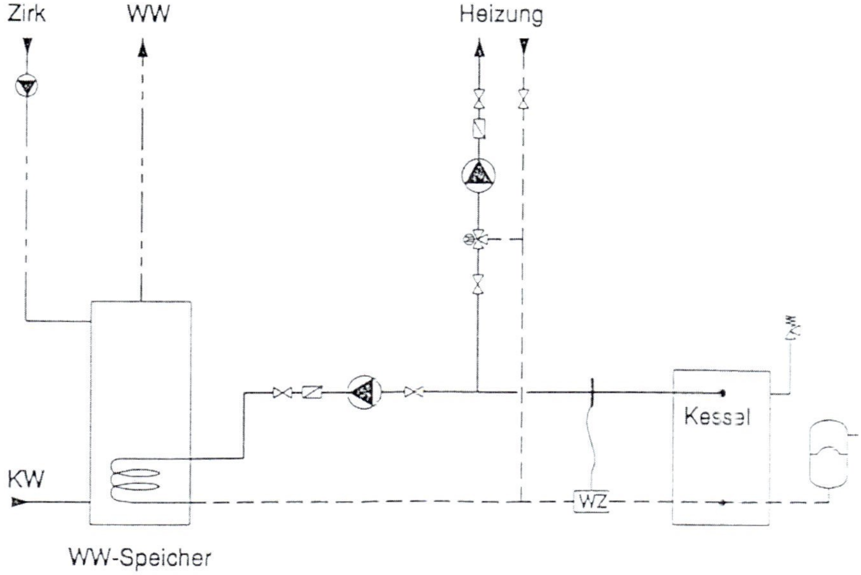

Bild 3: Neuinstallierte Gas-Brennwert-Heizungsanlage

Energieeinsparung

Da der Kochgasverbrauch vor der Sanierung im Gesamtgasverbrauch enthalten war, musste ein unsicherer Korrekturansatz für den Kochgasverbrauch von 9000 kWh/a miteinbezogen werden. Danach ergab sich in der Heizperiode 1997/98 ein Rückgang des Gasenergieverbrauchs von 232 kWh/m² auf 133 kWh/m² oder um 43 %. Die Simulationsrechnung ermittelte als energetisches Einsparpotential einen Wert von 49 % (118 kWh/m²). Die Differenz ist u. a. darauf zurückzuführen, dass der monatsbezogene Nutzungsgrad des Gas-Brennwert-Kessels zwischen 0,83 und 0,88 lag und nie die angestrebten Werte über 0,9 erreicht hat. Gründe dafür waren die zum Heizbeginn nicht optimierten Heizkurven und Kesseltemperatureinstellungen sowie wiederholte Fehleinstellungen durch das Wartungspersonal. Zusätzlich wurden die Raumlufttemperaturen in den Wohnungen mit knapp unter 25 °C gemessen. Dieser erhöhte Komfortbedarf steigert den Heizenergieverbrauch. Der gemessene mittlere Warmwasserverbrauch liegt bei 19,7 kWh/m²a. Eine Berechnung des Heizwärmebedarfs nach den Berechnungsvorschriften der WSVO ’95 ergab für das Wärmeschutz-Sanierungskonzept einen Wert von 61,5 kWh/m²a. Dieser Wert liegt sowohl unter den Anforderungen des Landesmodifizierungsprogramms (101 kWh/m²a) als auch unter den Anforderungen nach WSVO ’95 (72,1 kWh/m²a).

Kosten

Über die Kosten liegen keine konkreten Informationen vor.

Kritische Bewertung

Bei sanierten Heizungsanlagen ist darauf zu achten, dass die Einstellungen der Regelgeräte dem Wunsch nach sparsamer und optimaler Energienutzung genügen. Ansonsten kann es leicht zu einer Verschlechterung des Nutzungsgrads und dem damit verbundenen größeren Energieverbrauch kommen. Kritisch zu beurteilen ist die Tatsache, dass energetisch bestens sanierte Bestandsbauten in den kommunalen Mietspiegeln unter dem Baujahr der Gebäudeerrichtung geführt und damit abqualifiziert werden, obwohl durch die Sanierung eine wesentliche Aufwertung des Gebäudes stattgefunden hat. Eine geänderte Eingruppierung der energetisch modernisierten Altbauten würde Sanierungs- und Energieeinsparpotentiale freisetzen.

Literatur

[1] *Giel, T.; Söllner, B.; Stäbler, W.; Stohrer, M.; Zink, J.:* Energetische Modernisierung von Altbauten; Schlussbericht BPH 198/95 der Forschungs- und Entwicklungsgemeinschaft für Bauphysik e.V. (FEB) an der Fachhochschule für Technik Stuttgart.

6. Sanierung eines 12-Familienwohnhauses in Villingen-Schwenningen

Einleitung

Das 1967 in Villingen-Schwenningen erstellte Wohnhaus umfasst 12 Wohnungen. Die energetische Sanierung erfolgte 1996. Die wissenschaftliche Begleitung der Sanierung wurde vom Wirtschaftsministerium Baden-Württemberg unterstützt [1].

Bild 1: Gebäudeansicht des Mehrfamilienhauses nach Abschluss der Sanierungsmaßnahmen

Lage des Gebäudes

Das Gebäude wurde 1967 in der Straße Am Warenberg 34 im Stadtteil Villingen erstellt. Villingen kann gemäß DIN V 4108, Teil 6, der TRY-Region 11 (Würzburg) zugeordnet werden.

Zustand vor der Sanierung

Gebäude

Das Gebäude besitzt drei Geschosse und ein ausgebautes Dachgeschoss. Das Satteldach hat Ost-West-Ausrichtung. Das beheizte Volumen des Wohnhauses beträgt 3.161 m^3 und die Berechnung der Hüllfläche ergibt einen Wert von 1.628 m^2. Daraus ermittelt sich ein Kompaktheitsgrad von 0,52 m^{-1} und eine Energiebezugsfläche von 1.011 m^2. Die Außenwände bestanden aus 30 cm dickem Hohlblock-Mauerwerk und die Dachgeschossdecke aus Kehlbalken-Doppelprofilen mit unterseitiger Nut- und Feder-Holzschalung bzw. Gipskartonplattenverkleidung. Im Gefach befanden sich 8 cm dicke Polystyrol-Dämmplatten. Die Dachsparren waren unterseitig mit einer 4 cm starken Holzwolle-Leichtbauplatte verkleidet und raumseitig verbrettert oder verputzt. Über der in Beton erstellten Kellerdecke befand sich unter dem Estrich eine Trittschalldämmung. Vor den zweifach verglasten Holzfenstern waren Rollläden angebracht.

Bild 2: Gebäudeansicht des Mehrfamilienhauses zu Beginn der Sanierungsmaßnahmen

Heizsystem

Das Wohngebäude war mit einer Öl-Zentralheizung mit einer Temperaturspreizung von 70 bis 90 °C und einer Leistung von 153 kW (Baujahr 1967) ausgestattet. Der Brenner wurde 1979 erneuert. Auch die Warmwasserbereitung erfolgte zentral.

Energieverbrauch vor der Sanierung

Durch Verbrauchsanalysen konnte bei der Öl-Zentralheizung vor der Sanierung ein mittlerer Verbrauch von 242 MWh/a festgestellt werden. Dies entspricht einer Verbrauchskennzahl von 239 kWh/m^{2}a.

Sowieso-Maßnahmen

Folgende Modernisierungsmaßnahmen waren sowieso geplant:

- Putzsanierung
- Erneuerung der Dachdeckung
- Fenstererneuerung

Beschreibung der energetischen Verbesserungsmaßnahmen

Neben der energetischen Sanierung wurde bei diesem Vorhaben eine 21 m² große Solaranlage zur Brauchwassererwärmung und Heizungsunterstützung installiert. Das durch diese Solaranlage erwärmte Wasser wird in zwei 700 l großen Wassertanks gespeichert. Wie aus Bild 3 ersichtlich ist, kann die Solaranlage sowohl für die Heizung als auch für die Warmwasserbereitung unterstützend mitwirken.

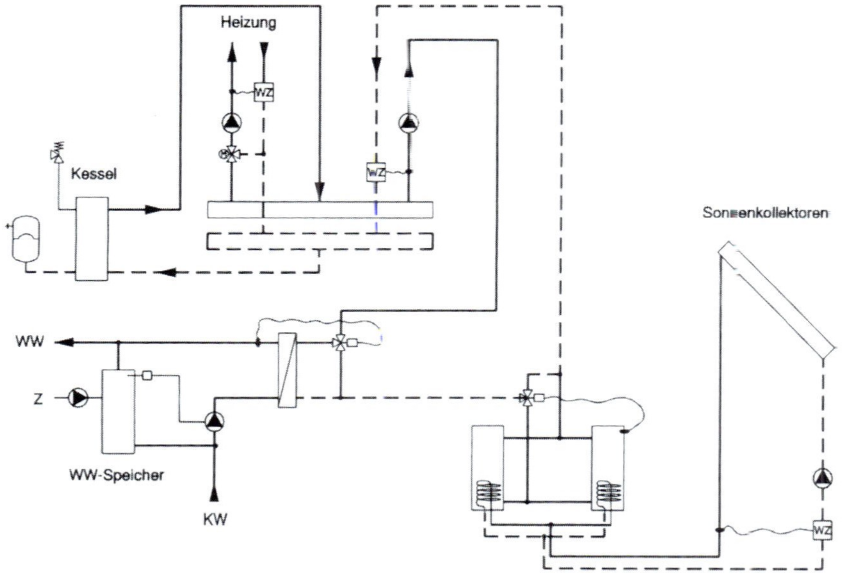

Bild 3: Neuinstallierte Gas-Brennwert-Heizungsanlage mit Warmwasserbereitung über eine Solaranlage

Die sonstigen Sanierungsmaßnahmen waren folgende:

- Dämmung der Außenwand mit einem 12 cm starken Polystyrol-Fassaden-Verbundsystem und mineralischem Außenputz
- Dämmung der Dachgeschossdecke durch 12 cm dicke Mineralwolle-Wärmedämmung zwischen den Kehlbalkenprofilen
- Einbau von 12 cm dicker Mineralwolle-Wärmedämmung zwischen den Sparren in der Dachschräge
- Unterseitige 6 cm starke Polystyrol-Wärmedämmung der Kellerdecke
- Erneuerung der Fenster durch Kunststoff-Fensterrahmen mit Wärmeschutzverglasung (k-Wert: 1,4 W/m²K)
- Umstellung des Heizsystems von Heizöl auf Gas durch die Neuinstallation eines Gas-Brennwert-Kessels mit 65 kW Leistung
- Dezentrale Entlüftung der Bäder und Toiletten über eine Schwerkraftlüftung (Kölner Lüftung)

Durch die erwähnten Sanierungen am Gebäude konnte eine Verbesserung des Wärmedurchgangskoeffizienten nach Tabelle 1 erreicht werden.

Tabelle 1: Außenbauteile vor und nach der Sanierung des Mehrfamilienhauses in Villingen

Bauteil	Wärmedurchgangskoeffizient [W/m²K]	
	Vor der Sanierung	Nach der Sanierung
Außenwand	1,00	0,25
DG-Decke	0,46	0,28
Dachschräge	1,50	0,28
Kellerdecke	1,20	0,43
Fenster	2,50	1,40

Energieeinsparung

In der Heizperiode 1997/98 konnte nach der wärmetechnischen Sanierung der Gebäudehülle und der Neuinstallation einer Gas-Brennwert-Heizungsanlage mit Solarkollektor ein Rückgang des Verbrauchswertes von 239 auf 138 kWh/m² erreicht werden. Der erzielte Einspareffekt von 42 % liegt unter dem nach den Simulationsrechnungen erwarteten Ergebnis von 52 %. Gründe hierfür liegen in der hohen Komplexität des Anlagenkonzeptes einer Solarenergienutzung zur Warmwasserbereitung und Heizungsunterstützung. Dadurch kam es zu Störungen und Steuerungsproblemen. Anhand der gemessenen Betriebstemperaturen konnte eine nicht optimale Anlagensteuerung nachgewiesen werden, die zu einer Einschränkung des Nutzungsgrads des Brennwert-Kessels führte. Da die mittleren Raumlufttemperaturen nach der Sanierung erheblich über 20 °C lagen, konnte das gesteigerte thermische Komfortbedürfnis nach der Sanierung als weiterer Grund für den erhöhten Verbrauch ermittelt werden. Eine Berechnung des Heizwärmebedarfs nach WSVO ’95 ergab für das Wärmeschutz-Sanierungskonzept einen Wert von 92,5 kWh/m²a. Dieser Wert liegt unter den Anforderungen des Landesmodifizierungsprogramms (99,5 kWh/m²a) und über den Anforderungen für Neubauten nach WSVO ’95 (71,1 kWh/m²a).

Kosten

Über die Kosten der Sanierungsmaßnahme liegen keine genauen Angaben vor.

Kritische Bewertung

Kritisch zu betrachten ist bei dieser Sanierung der energetische Nutzen der installierten Solaranlage. Die sehr niedrige Betriebsstundenzahl der Solaranlage von ca. 0,94 Std. pro Tag ist verantwortlich dafür, dass trotz der hohen solaren Leistungseinspeisung während der Betriebszeit von 800 W/m² der Solarertrag nur 13 % des Warmwasser-Energieverbrauchs deckt. Da ein Deckungsbeitrag von ca. 50 % geplant war, ist das Ergebnis sehr unbefriedigend. Diesem niedrigen Solargewinn durch die Kollektoranlage wird deshalb auch die Differenz zwischen gemessenem und prognostiziertem Energieverbrauchswert nach der Sanierung zugeschrieben. Wenn die Hydraulik einer Anlage nicht richtig abgestimmt ist und die Regelparameter nicht richtig eingestellt sind, kann eine Solaranlage nahezu wirkungslos werden. Vor Inbetriebnahme müssen die Anlagen hinsichtlich ihrer Funktion genau überprüft werden. Aus rechtlichen Gründen darf ein Vermieter die Energiegewinne aus einer Solaranlage den Mietern nicht mit einem selbst ermittelten Wärmepreis in Rechnung stellen. Dieser Umstand hindert die Besitzer von Mehrfamilienhäusern in der Regel daran, eine Solaranlage zu installieren.

Literatur

[1] *Giel, T.; Söllner, B.; Stäbler, W.; Stohrer, M.; Zink, J.:* Energetische Modernisierung von Altbauten; Schlussbericht BPH 198/95 der Forschungs- und Entwicklungsgemeinschaft für Bauphysik e.V. (FEB) an der Fachhochschule für Technik Stuttgart

7. Energetische Sanierung eines Mehrfamilien-Wohngebäudes in Blockbauweise in Weimar

Einleitung

Das Mehrfamilien-Wohngebäude wurde 1969/70 in industrieller Blockbauweise in Weimar erstellt. Es zeigte zwischenzeitlich viele Bauschäden auf und war noch mit kohlebefeuerten Einzelraumfeuerstätten ausgestattet. Es entsprach somit nicht mehr den Komfortansprüchen der Bewohner. Das Gebäude befindet sich im Besitz der Weimarer Wohnstätten GmbH. Während den 1994/95 durchgeführten energetischen Sanierungsarbeiten wurden noch 7 neue Dachwohnungen erstellt, alle Balkone ausgetauscht, die Bäder umgebaut und sämtliche Versorgungsleitungen erneuert. Während den Bauarbeiten waren die Bewohner in einem anderen Gebäude untergebracht. Nach den Sanierungsarbeiten wurde ein mehrjähriges Messprogramm durchgeführt [1].

Bild 1: Nord- und Westansicht des Mehrfamilien-Wohngebäudes nach der Sanierung

Lage des Gebäudes

Klimatisch kann Weimar gemäß DIN V 4108, Teil 6, der TRY-Region 6 (Erfurt) zugeordnet werden.

Zustand vor der Sanierung

Bild 2: Nordansicht des Mehrfamilien-Wohngebäudes vor der Sanierung

Gebäude

Das in Blockbauweise erstellte Wohngebäude umfasste vor der Sanierung 43 Wohneinheiten. Im Zuge der Sanierung wurden weitere 7 Wohnungen im Dachgeschoss ausgebaut. Die Gesamtwohnfläche der 50 Wohnungen beträgt 2735 m^2. Die Außenwände bestanden aus 29 cm dicken Leichtbetonelementen, die beidseitig verputzt waren. Die Fenster in Holzrahmen waren mit einer Zweischeiben-Isolierverglasung verglast. Die oberste Geschossdecke besaß unter dem Estrich eine 2 cm dicke Dämmung. Die Kellerdecke war ohne Dämmung ausgeführt. In Tabelle 1 sind die Wärmedurchgangskoeffizienten der Hüllflächenbauteile vor der Sanierung angegeben.

Das Gebäude zeigte unterschiedliche Bauschäden. Da die Entwässerung der Balkone über die vordere Stirnseite der Betonplatte erfolgte, setzte eine erhebliche Verwitterung sowohl der Balkonplatte selbst als auch der Tragkonstruktion ein. Die Wände zeigten Risse und im Sockelbereich waren Putzabplatzungen zu verzeichnen. Im Dachgeschoss waren teilweise die Fenster undicht. In einigen Wohnungen trat Schimmelpilzbildung auf. Durch Risse im Schornstein traten vereinzelt Rauchgase in die Wohnung. Die Schornsteine zeigten im oberen Bereich Versottungsschäden.

Heizung und Warmwasserbereitung

Die Wohnungen waren mit Einzelfeuerstätten ausgestattet. Die Beheizung erfolgte überwiegend mit einem Warmluftkachelofen, der mit Braunkohle versorgt wurde. Einige Wohnungen waren mit Elektrospeicherheizgeräten ausgestattet. Die Warmwasserbereitung erfolgte mit einem in der Küche installierten Durchfluß-Gaswassererwärmer.

Tabelle 1: Zusammenstellung der Wärmedurchgangskoeffizienten vor und nach der energetischen Sanierung

Bauteil	Vor der Sanierung	Nach der Sanierung	
	k-Wert [W/m²K]	Dämmstoffdicke [cm]	k-Wert [W/m²K]
Außenwand	1,6	10,0	0,32
		14,0	0,24
		16,0	0,21
Kellerdecke	2,2	10,0	0,37
		16,0	0,24
Dach	0,6	16,0	0,26
		20,0	0,22
Fenster	2,6	–	1,10
			1,40
			1,80

Energieverbräuche

Die Heizenergieverbräuche der Wohnungen vor der Sanierung wurden durch Auswertung der Brennstoffrechnungen ermittelt. Die ermittelten wohnflächenbezogenen Heizenergieverbräuche bewegen sich zwischen 74 und 500 kWh/m²a. Der mittlere wohnflächenbezogene Verbrauch liegt bei 215 kWh/m²a. Der Energieverbrauch für die Erwärmung des Brauchwassers wurde nicht gemessen.

Beschreibung der energetischen Verbesserungsmaßnahmen

Gebäudehülle

Der Erdgeschossgrundriss und ein Gebäudeschnitt sind in Bild 3 dargestellt. Die Wohnungen in Randlage wurden mit einem höheren Wärmeschutz ausgestattet als die Wohnungen in Mittellage, um Unterschiede im Heizwärmeverbrauch auszugleichen. Die Dicke der Außenwanddämmung und Kellerdeckendämmung variiert daher zwischen 10 und 16 cm. Die Dämmstärken im Dach betragen 16 und 20 cm. Die Fenster der Wohnungen in Randlage sind 3-fach und die der Mittellage 2-fach wärmeschutzverglast. In Tabelle 1 sind die Dämmstoffdicken und Wärmedurchgangskoeffizienten der Hüllflächenbauteile vor und nach der Sanierung angegeben.

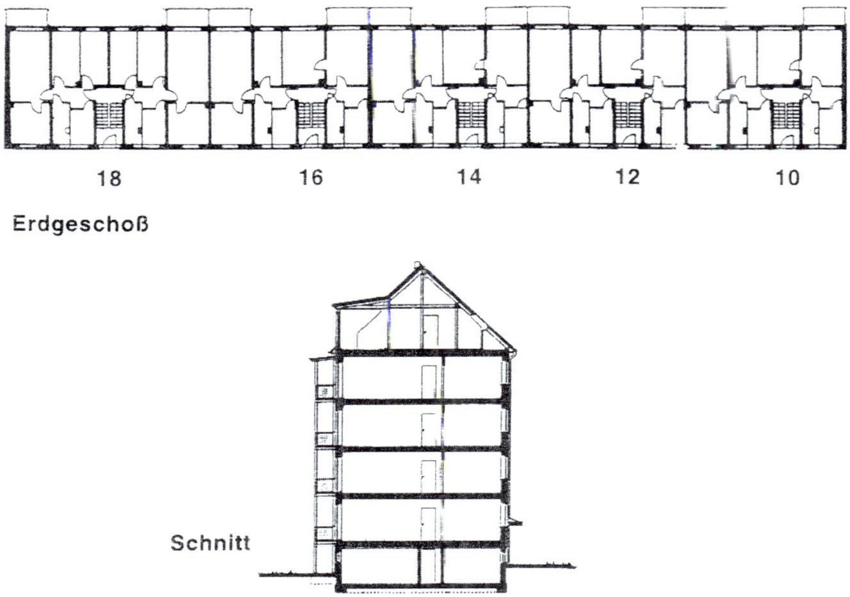

Bild 3: Darstellung des Grundrisses und des Schnittes

Anlagentechnik

In einer Studie wurden mehrere Varianten der Gebäudeheizung und Brauchwassererwärmung hinsichtlich der Wirtschaftlichkeit untersucht. Es zeigte sich, dass für die Beheizung der Wohnungen und die Erwärmung des Brauchwassers ein zentraler Gasbrennwertkessel mit Standspeicher die wirtschaftlichste Lösung darstellt. Der installierte Kessel ist mit einem modulierenden Brenner mit einer Leistung zwischen 50 und 170 kW ausgestattet. Die beiden Brauchwasserspeicher haben ein Fassungsvermögen von je 350 l. Die einzelnen Räume der Wohnungen werden mit Radiatoren erwärmt. Im Bild 4 ist die Wärmeversorgungsanlage mit den eingezeichneten Verbrauchsmessstellen schematisch dargestellt.

Energieeinsparung

Nach Fertigstellung der Sanierungsmaßnahmen wurde das Gebäude einem detaillierten zweijährigen Messprogramm unterzogen. Das Gebäude war dabei mit über 300 Messsensoren ausgestattet. Die gemessenen Heizwärmeverbräuche für die beiden Heizperioden 1995/96 und 1996/97 liegen bei 85 und 76 kWh/m²a. Die vom Kessel bereitgestellte Wärme für die Erwärmung des Brauchwassers betrug jeweils während der Heizperiode ca. 25 kWh/m²a. In Tabelle 2 sind die Heizwärmeverbräuche nach der Sanierung zusammengestellt. Der Nutzungsgrad des Brennwertkessels lag bei etwa 90 % während der Heizperiode und

bei 87 % während der Sommerperiode. Die wohnflächenbezogenen Stromverbräuche wiesen während den Heizperioden jeweils Werte von ca. 20 kWh/m^{2}a auf.
Im Mittel liegt der Heizwärmeverbrauch nach der Sanierung 62 % unter dem Wert des unsanierten Zustandes.

Bild 4: Schematische Darstellung der Wärmeversorgungsanlage

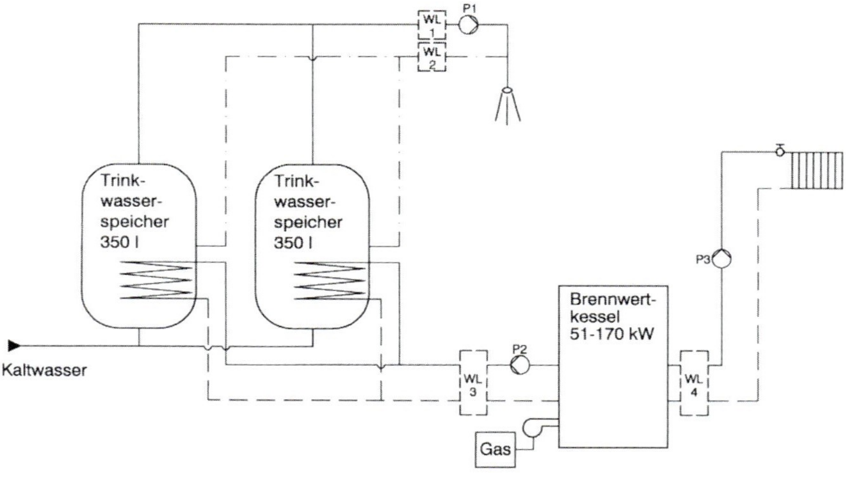

Kosten

Am Gebäude wurden neben den sich energetisch auswirkenden Maßnahmen umfangreiche Sanierungsarbeiten durchgeführt. Es wurden beispielsweise sämtliche Versorgungsleitungen neu verlegt. Die wohnflächenbezogenen Bruttogesamtkosten für die Sanierungsmaßnahmen lagen bei 816 €/m^2. Sie setzten sich aus 117 €/m^2 energetisch bedingten und 699 €/m^2 konstruktiv bedingten bzw. nicht energierelevanten Kosten zusammen. Für die Außenwanddämmung ergaben sich im Mittel Amortisationszeiten von ca. 15 Jahren.

Tabelle 2: Berechneter Heizwärmebedarf und gemessener Heizwärmeverbrauch für den sanierten Zustand

Heizperiode	Heizwärme [kWh/m^{2}a]	
	Rechnung	Messung
1995/96	72	85
1996/97	72	76

Kritische Bewertung

Die Verwendung unterschiedlicher Verglasungsqualitäten führte bei der Ausführung häufig zu Verwechslungen auf der Baustelle, da die Verglasungskennwerte nicht auf den Fenstern aufgedruckt sondern nur auf den Lieferscheinen niedergeschrieben waren.
Durch unterschiedliches Nutzerverhalten traten zwischen den Wohnungen große Unterschiede beim Heizwärmeverbrauch auf. Eine Mieterbefragung ergab, dass bei den Bewohnern hinsichtlich der durchgeführten Maßnahmen eine hohe Zufriedenheit vorliegt. Besonders hoch wurde der Einbau der Zentralheizung sowie der Fensteraustausch eingeschätzt. Häufig wurde auf die hohe Behaglichkeit infolge der verbesserten Dämmung der Wände, Fenster und Kellerdecke hingewiesen. In keiner Wohnung waren nach der Sanierung Schimmelpilzschäden zu verzeichnen.
Die Giebelfassaden, die aus architektonischen Gründen als Vorhangfassaden ausgeführt wurden, weisen sehr hohe Amortisationszeiten auf. Die energetisch bedingten Mehrkosten liegen mit 117 €/m² im erwarteten Rahmen, die mittleren konstruktiv bedingten Kosten, die auch den Dachgeschossausbau einschließen, sind mit 698 €/m² hingegen als hoch einzustufen.

Literatur

[1] *Reiß, J.; Erhorn, H.:* Energetische Sanierung eines Mehrfamilien-Wohngebäudes in Blockbauweise in Weimar. Bericht WB 97/1998 des Fraunhofer-Instituts für Bauphysik, Stuttgart 1998.

8. Sanierung eines QP 71-Gebäudes in Berlin-Marzahn

Einleitung

Bei dem 1983 errichteten Gebäude traten als Bauschäden Durchfeuchtungen auf. Verantwortlich dafür waren einerseits defekte Plattenfugen, andererseits Risse in der keramischen Bekleidung der Außenwand. Weitere Schäden wie undichte Fenster und deutliche Betonschäden in den Loggien machten eine Sanierung unumgänglich. Die für Sommer 1993 geplante Baumaßnahme verschob sich aufgrund verschiedener Verzögerungen und Terminzwänge in den Zeitraum September bis Dezember 1993. Hauptziel dabei war die Verwirklichung eines energetischen Sanierungskonzepts bei gleichzeitiger Beseitigung der entstandenen Bauschäden [1].

Bild 1: Ansicht der Hofseite des Wohnblocks nach Beendigung der Sanierungsarbeiten

Lage des Gebäudes

Der 1983 erstellte Wohnblock befindet sich in der Wuhlestraße 9–13 in Berlin-Marzahn. Berlin kann gemäß DIN V 4108, Teil 6, der TRY-Region 4 (Potsdam) zugeordnet werden.

Zustand vor der Sanierung

Gebäude

Der in QP 71-Bauweise erstellte Wohnblock umfasst 10 Geschosse und 117 Wohneinheiten mit einer beheizten Wohnfläche von 5.794 m^2. Bei den Außenwänden wurde eine typische Wandkonstruktion der ostdeutschen Betonfertigteilbauten verwendet, die mit QP 71 bezeichnet wurde und aus einschichtigen Leichtbeton-Großplatten mit äußerer Spaltklinker-Bekleidung (Keramik) bestanden. An den Giebelseiten waren dreischichtige Elemente mit 5 cm Kerndämmung verwendet worden. Die Kellerdecke war unter dem Estrich mit einer 1 cm dicken Dämmschicht aus Mineralwolle ausgestattet worden und auf der obersten Geschossdecke lagen 5 cm dicke Mineralwollematten. Die straßenseitigen Wohn- und Schlafzimmerfenster wurden als Kastendoppelfenster ausgeführt, alle übrigen Fenster hatten Isolierverglasung.

Bild 2: Ansicht der Hofseite des Gebäudes vor der Sanierung

Heizung/Lüftung

Die Versorgung mit Heizwärme erfolgte über eine zentrale Einrohrheizung, die bereits 1992 modernisiert worden war (neue Hausanschlussstation Thermostatventile) und nach der Sanierung erhalten blieb. Die Warmwasserbereitung erfolgte ebenfalls zentral. Wie bei Gebäuden dieser Geschosszahl üblich war als Lüftungssystem eine Abluftanlage mit zentralen Ventilatoren eingebaut, die in Küche und Bad die Luft absaugte.

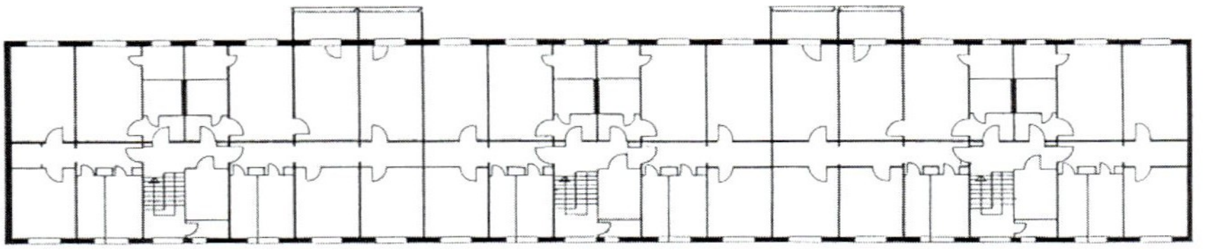

Bild 3: Grundriss des QP 71-Wohngebäudes

Energieverbrauch vor der Sanierung

Der Heizenergieverbrauch des Gebäudes lag vor der Sanierung bei 1.051 MWh/a bzw. 181 kWh/m^{2}a. Für die Warmwasserbereitung wurde ein Wert von ca. 60 kWh/m^{2}a bzw. 360 MWh/a ermittelt. Demnach wurden vor der Sanierung ca. 26 % des Gesamtenergieverbrauchs zur Warmwasserbereitung benötigt. Der Verbrauchswert für die Warmwasserbereitung konnte nicht genau ermittelt werden, da der entsprechende Zähler längere Zeit defekt war.

Sowieso-Maßnahmen

Ohnehin durchzuführende Maßnahmen waren in erster Linie Instandhaltungsarbeiten zur Beseitigung der vorhandenen Bauschäden (Durchfeuchtungen, undichte Fenster etc.). Handlungsbedarf bestand auch bei den Verankerungen der Wetterschalen der Dreischichtplatten, da diese laut statischen Untersuchungen nicht den technischen Anforderungen entsprachen. Außerdem war eine Strangsanierung der Zu- und Abwasserleitungen, eine Balkonsanierung und eine Verbesserung des Wohnumfeldes durch Bepflanzungen, Anlegen von Fußwegen etc. geplant.

Beschreibung der energetischen Verbesserungsmaßnahmen

Unter energetischen Gesichtspunkten kamen bei der Sanierung folgende Maßnahmen zur Ausführung:

- Anbringen eines Wärmedämmverbundsystems mit 6 bzw. 10 cm dickem Mineralwolledämmstoff und einer vorgehängten, hinterlüfteten Fassade mit 8 cm dickem Dämmstoff an den Außenwänden
- Unterseitige Dämmung der Kellerdecke mit 2 cm dicken Leichtbauplatten
- Austausch der Fenster gegen Kunststofffenster mit Wärmeschutzverglasung (k-Wert: 1,3 W/m^{2}K)
- Verbesserung des Heizsystems durch Einbau einer automatischen Raumtemperaturregelung und Heizkostenerfassung (System „Riedel“)

Es wurden keine Angaben zu den Wärmedurchgangskoeffizienten der Hüllflächenbauteile vor und nach der Sanierung gemacht.

Energieeinsparung

Nach der Sanierungsmaßnahme lag der gemessene Heizenergieverbrauch bei 96 kWh/m²a. Im Vergleich zu den Verbrauchswerten vor der Sanierung in Höhe von 181 kWh/m²a bedeutet das eine Einsparung von 47 %. Für die Warmwasserbereitung wurde ein Energieverbrauchswert von 54 kWh/m²a ermittelt. Bezogen auf den Gesamtenergieverbrauch entspricht dieser Wert einem prozentualen Anteil von 36 %. Tabelle 1 zeigt einen Vergleich der gemessenen Verbrauchsdaten mit den prognostizierten Werten für diesen Gebäudetypus.

	Heizenergie [kWh/m²a]	
	Rechnung	Messung
Vor der Sanierung	183	181
Nach der Sanierung	83	96
Einsparpotential	55 %	47 %

Tabelle 1: Zusammenstellung des berechneten Heizenergiebedarfs und des gemessenen Heizenergieverbrauchs für den Zeitpunkt vor und nach der Sanierung

Kosten

Die Gesamtkosten bei diesem Projekt beliefen sich auf 1.848.568 € und waren aufgeteilt in 1.199.504 € konstruktiv wirksame und 649.064 € energetisch wirksame Kosten. Auf die beheizte Wohnfläche bezogen sind dies Gesamtkosten von 319 €/m², die sich zu 207 €/m² in konstruktiv wirksame und zu 112 €/m² in energetisch wirksame Kosten aufteilen. Unter Einbezug einer möglichen Umlage der Kosten für die energetisch bedingte Modernisierungsmaßnahme in Höhe von 11 % pro Jahr würde sich die Kaltmiete um ca. 1,03 €/(m² × Monat) erhöhen, während sich die Heizkosten pro Monat aufgrund der energiesparenden Maßnahmen um 0,36 €/m² verringern (Basis: Wärmepreis 0,05 €/kWh).

Kritische Bewertung

Sanierungen industriell gefertigter Plattenbauten erfolgen fast ausschließlich in bewohntem Zustand, so dass es während der Maßnahmen zu erheblichen Einschränkungen für die Bewohner kommt. Deshalb müssen die Arbeiten entsprechend behutsam vorbereitet und ausgeführt werden. Dazu gehört eine Erfassung der Ausgangs- und Umgebungssituation und eine Begleitung des Prozesses in Form einer Bewohnerbeteiligung und einer stetigen Bewohnerinformation. Nach der Sanierung wurde unter den Mietern eine Resonanzbefragung durchgeführt mit dem Ergebnis, dass 57 % der Bewohner mit der energetischen Sanierung sehr und 34 % mehr oder weniger zufrieden sind. Nur 9 % beurteilten die Maßnahme als negativ. Schwierigkeiten verursachte am Anfang insbesondere bei den älteren Bewohnern der Umgang mit der automatischen Heizungsregelungstechnik. Hier war intensive Aufklärung und Information notwendig, um energetischen Maßnahmen zum Erfolg zu verhelfen, die eine Umstellung langjähriger Gewohnheiten (Heizungs-, Lüftungsverhalten) erfordern.

Literatur

[1] *Kerschberger, Alfred:* Modellhafte Sanierung von Typenbauten (BINE-Informationspaket); Hrsg. Fachinformationszentrum Karlsruhe ; TÜV-Verlag Köln (1998).

9. Sanierung eines fünfgeschossigen P2-Gebäudes in Cottbus

Einleitung

Bei diesem 1974 errichteten Gebäude handelt es sich um einen Plattenbau des Typs IW 66/P2. Neben dem schlechten Wärmeschutz und der ineffizienten Gebäudetechnik fielen bei der Bestandsaufnahme vor allem Betonschäden an den Balkonen, Rissbildungen in der Außenwand und eine extrem ungleichmäßige Dicke der Wetterschale als Baumängel auf. Außerdem konnten Zugerscheinungen in den Wohnungen registriert werden. Über die Sanierung und Wärmeschutzverbesserung hinaus interessierte man sich bei diesem Projekt vor allem für die Verringerung des Energieverbrauchs zur Warmwasserbereitung [1], [2].

Bild 1: Ansicht des Gebäudes nach Beendigung der Sanierungsarbeiten

Lage des Gebäudes

Der Plattenbau wurde 1974 in Cottbus erstellt. Cottbus kann gemäß DIN V 4108, Teil 6, der TRY-Region 5 (Dresden) zugeordnet werden.

Zustand vor der Sanierung

Gebäude

Der fünfgeschossige Plattenbau umfasst 80 Wohneinheiten mit einer Gesamtwohnfläche von 4.353 m^2. Der Aufbau der 29 cm dicken Außenwände an der

Eingangs- und der Giebelseite bestand aus einer 16 cm dicken Tragbetonschicht, einer 9 cm dicken Dämmschicht aus Filteraschebeton mit Polystyrol-Kugeln und einer 4 cm dicken Vorsatzschale mit Rollkies in Normalbeton. Auf der Loggiaseite bestand die Außenwand aus einer 22,5 cm dicken Tragbetonschicht, einer 5 cm dicken Dämmschicht (3,5 cm dicke Polystyrolplatte; beidseitig mit Holzwolle-Leichtbauplatten beschichtet) und einer 2 cm dicken Vorsatzschale. Die Kellerdecke besaß oberseitig zwischen Estrich und Rohdecke eine geringe Dämmschicht. Das Flachdach wurde als Kaltdach mit Innenentwässerung ausgebildet und die oberste Geschossdecke hatte ebenfalls eine Wärmedämmung. Als Fenster kamen isolierverglaste Holzfenster zur Ausführung.

Bild 2: Ansicht der Eingangsfront des Gebäudes vor der Sanierung

Zur Charakterisierung des Gebäudezustands vor der Sanierung sind in Tabelle 1 die Wärmedurchgangskoeffizienten der Hüllflächenbauteile aufgeführt.

Tabelle 1: k-Werte der Hüllflächenbauteile des Gebäudes vor der Sanierung

Bauteil	k-Wert [W/m²k]
Normale Wandplatte (Giebel- und Eingangsseite	1,90
Loggia-Wandplatte	0,82
Fenster	2,80
Oberste Geschossdecke	1,31
Kellerdecke	1,25

Heizung/Lüftung

Zur Versorgung der Wohneinheiten mit Heizwärme war eine senkrechte Einrohr-Zentralheizung mit Konvektortruhen und Handmischventilen und ein Fernwärmeanschluss vorhanden. Über eine mit Fernwärme versorgte Boilerstation wurde die Warmwasserbereitung bewerkstelligt. Die Lüftung erfolgte durch freie Lüftung über Sammelschächte mit Entnahme der Abluft aus den innenliegenden Küchen und Bädern.

Energieverbrauch vor der Sanierung

Im unsanierten Zustand lag der Heizenergieverbrauch bei 803 MWh/a bzw. 184 kWh/m²a und damit unter dem für diesen Gebäudetyp gemäß einer Grundlagenstudie prognostizierten Wert von 206 kWh/m²a (siehe Tabelle 2). Für die Warmwasserbereitung wurde ein Verbrauch von 261 MWh/a bzw. 60 kWh/m²a ermittelt.

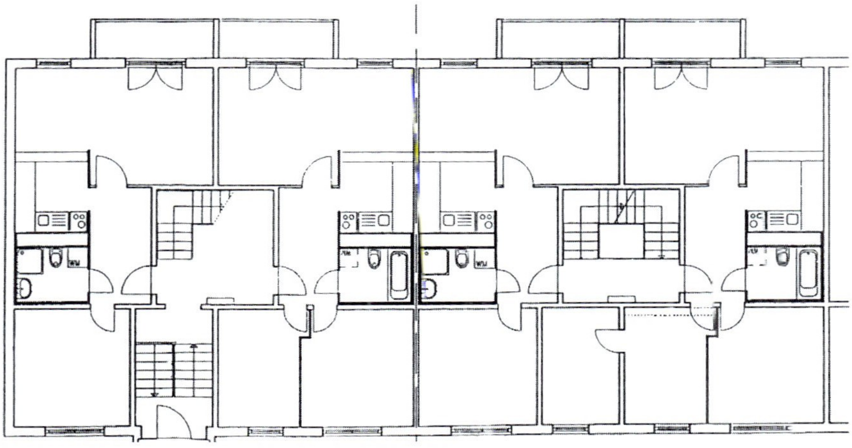

Bild 3: Grundriss der Wohngeschosse des P2-Gebäudes in Cottbus

Sowieso-Maßnahmen

Sowieso durchzuführende Sanierungsarbeiten waren aufgrund der vorhandenen Baumängel und Bauschäden:

- Erneuerung der Außenfassade
- Dachsanierung
- Sicherung der Wetterschale
- Balkonsanierung

Außerdem sollte der Küche-Bad-Bereich modernisiert und das Wohnumfeld verbessert werden.

Beschreibung der energetischen Verbesserungsmaßnahmen

Bei der in bewohntem Zustand durchgeführten Sanierung, die von März bis November 1995 dauerte, kamen folgende energetische Verbesserungsmaßnahmen zur Ausführung:

- Sicherung der Wetterschale und daran anschließend Dämmung der Außenwände mit einem Wärmedämmverbundsystem aus 8 cm dicken Polystyrolplatten (WLG 035) oder mit einer vorgehängten, hinterlüfteten Fassade inklusive einer 8 cm dicken Dämmschicht aus Mineralwolleplatten (WLG 035)
- Dämmung der obersten Geschossdecke mit einer 12 cm dicken Dämmschicht
- Anbringen einer Lattung (4/6 cm), einer 6 cm dicken Mineralwolledämmschicht und einer Bekleidung aus 12 cm dicken Trockenbauplatten an der Kellerdecke
- Einbau neuer Kunststofffenster mit Wärmeschutzverglasung (k-Wert: 1,9 W/m^2K) und teilweise mit integriertem Außenluftdurchlass
- Austausch des alten Heizsystems gegen eine senkrechte Zweirohrheizung mit reduzierter Auslegungstemperatur (75/55 °C). Gleichzeitig wurden unterschiedliche Lösungen zur Heizkostenerfassung und Heizungsregelung realisiert (Wärmerechnersystem „Riedel“ und Thermostatventile in Kombination mit elektronischen Heizkostenverteilern)
- Einbau einer neuen Hausanschlussstation als Kompaktstation mit integrierter Warmwasserbereitung nach dem Durchfluss- und Ladespeicherprinzip
- Einbau neuer Lüftungssysteme, teilweise Entlüftungsanlagen mit zentralen Ventilatoren und Zuluftführung über speziell entwickelte Lüftungsfenster, teilweise zentrale Be- und Entlüftungsanlagen mit Wärmerückgewinnung

Die Wärmedurchgangskoeffizienten der Hüllflächenbauteile nach der Sanierung liegen nicht vor.

Energieeinsparung

Durch die Sanierungsmaßnahmen konnte der Heizenergieverbrauch um 45 % auf 102 kWh/m^2a reduziert werden. Dieser Wert ist fast identisch mit dem gemäß einer Grundlagenstudie vorausberechneten Wert von 103 kWh/m^2a. In Tabelle 2 sind die Verbrauchswerte aufgeführt.

Durch die Sanierung der zentralen Warmwasserbereitung sank der Energieverbrauch zur Wassererwärmung um 39 % von 60 kWh/m^2a auf 37 kWh/m^2a. Dies entspricht einem Anteil von 26 % am Gesamtwärmebedarf nach der Sanierung.

Nach [2] haben sich die Einsparpotentiale beim Heizwärmeverbrauch im zweiten und dritten Betriebsjahr von 45 % bis auf ca. 51 % erhöht. Außerdem konnte der Energieverbrauch zur Warmwasserbereitung bis auf 31,2 kWh/m^2a ver-

	Heizenergie [kWh/m²a]	
	Rechnung	Messung
Vor der Sanierung	206	184
Nach der Sanierung	103	102
Einsparpotential	50 %	45 %

Tabelle 2: Zusammenstellung des berechneten Heizenergiebedarfs und des gemessenen Heizenergieverbrauchs für den Zeitpunkt vor und nach der Sanierung

ringert werden. Die Ursachen dafür, dass erst mit zunehmender Betriebszeit das volle Einsparpotential genutzt werden kann, liegen in behobenen Baumängeln, verbesserten Betriebsweisen der Anlagentechnik und angepasstem Nutzerverhalten.

Kosten

Die Gesamtkosten dieses Projekts belaufen sich auf 2.864.385 €. Sie unterteilen sich in 1.812.159 € konstruktiv wirksamer Sanierungskosten und 1.052.234 € energetisch wirksame Kosten. Darin enthalten sind ca. 460.000 € Baunebenkosten, die zu 70 % zu den konstruktiv wirksamen Kosten gehören. Auf die beheizte Wohnfläche bezogen sind dies Gesamtkosten von 658 €/m², die sich zu 416 €/m² in konstruktiv wirksame und zu 242 €/m² in energetisch wirksame Kosten aufteilen. Bei diesem Projekt vorliegende Besonderheiten führen dazu, dass eine Verallgemeinerung und Übertragbarkeit der Kosten auf andere Sanierungsvorhaben nicht zulässig ist. Dazu zählen vor allem:

- der Pilotcharakter des Vorhabens
- die Maßnahmen zur kontrollierten Wohnungslüftung
- die Parallelinstallation von zwei kompletten Systemen für die zentrale Trinkwassererwärmung
- der Variantenvergleich für die Raumtemperaturregelung mit zwei unterschiedlichen Systemen

Kritische Bewertung

Da die Modernisierungsmaßnahme in bewohntem Zustand durchgeführt wurde, war eine unmittelbare Baubetreuung der Bewohner notwendig. Aus diesem Grund wurden die Bewohner über Mieterversammlungen und Informationsschriften in das Vorhaben eingebunden und es fanden während der Bauphase regelmäßig Mietersprechstunden statt. Eine derartige Betreuung ist für einen reibungslosen Ablauf der Sanierung notwendig und entlastet neben den Betroffenen auch den Auftraggeber und die Bauleitung.

Literatur

[1] *Kerschberger, Alfred:* Modellhafte Sanierung von Typenbauten (BINE-Informationspaket); Hrsg. Fachinformationszentrum Karlsruhe ; TÜV-Verlag Köln (1998).

[2] *Fürst, W.; Römmling, U.; Heinz, E.; Maron, G.; Ebling, R.:* Versuchs- und Demonstrationsbauvorhaben P2-Cottbus; Schlussbericht Teil A, B und C des Instituts für Erhaltung und Modernisierung von Bauwerken e.V. an der TU Berlin (IEMB);
Bericht-Nr.: 2-08/1999.

10. Sanierung eines Plattenbaus in Hoyerswerda

Einleitung

Beim Vorhaben Hoyerswerda sollte ein Wohnblock der Bauserie „Hoyerswerda“, eine Abwandlung der Bauserie P1, konstruktiv und energetisch saniert werden. Anlass zur Sanierung gaben unter anderem zahlreiche Risse in den Außenwänden, die vor allem in den unteren Geschossen teilweise den gesamten Wandquerschnitt durchtrennten. Außerdem waren Korrosionsschäden an den Rükkverankerungen der Vorsatzschale im Bereich der südlichen Giebelwand und an der Bewehrung der zu den Loggien gehörenden Bauteile aufgetreten. Auch die Fenster waren verschlissen und mussten erneuert werden [1].

Bild 1. Ansicht des Gebäudes nach Beendigung der Sanierungsarbeiten

Lage des Gebäudes

Das Gebäude wurde in Hoyerswerda errichtet. Hoyerswerda kann gemäß DIN V 4108, Teil 6, der TRY-Region 5 (Dresden) zugeordnet werden.

Zustand vor der Sanierung

Gebäude

Der viergeschossige Plattenbau umfasst 72 Wohnungen mit einer beheizten Wohnfläche von insgesamt 2.850 m^2. Die Außenwände bestehen aus einschichtigen, 24 cm dicken Leichtbeton-Fertigteilplatten mit Waschkiesoberfläche. An den Giebelwänden befand sich außen eine Holzwolle-Leichtbauplatte mit 3 cm dicker Wetterschale. Das Kaltdach war als flach geneigtes Satteldach ausgeführt worden und an einigen Stellen schadhaft und erneuerungsbedürftig. Die Kellerdecke war zum Wohnraum hin nur in Teilbereichen gedämmt, während die oberste Geschossdecke zumindest eine 3,5 cm dicke Holzwolle-Leichtbauplatte als oberseitige Dämmung besaß. Die Fenster waren als Holzverbundfenster ausgebildet, in den unbeheizten Treppenhäusern dagegen wurden Einfachverglasungen vorgefunden.

Bild 2: Ansicht des Gebäudes vor der Sanierung

Heizung/Lüftung

Als Heizungssystem war eine fernwärmeversorgte Einrohrheizung mit Konvektortruhen vorhanden. Die Warmwasserbereitung erfolgte über dezentrale Gas-Durchlauferhitzer. Gelüftet wurde über freie Lüftung als Schachtlüftung.

Energieverbrauch vor der Sanierung

Vor der Sanierung betrug der Heizenergieverbrauch des Gebäudes 909 MWh/a bzw. 319 kWh/m^{2}a. Für die Warmwasserbereitung wurde aus dem Gesamtgasverbrauch für Warmwasserbereitung und Kochen ein anteiliger Verbrauchswert von 77 MWh/a bzw. 27 kWh/m^{2}a abgeschätzt, was einem prozentualen Anteil von ca. 9 % entspricht.

Sowieso-Maßnahmen

Ohnehin durchzuführende und geplante Arbeiten waren:

- Basis-Instandsetzung der Loggien und Außenwände
- Neue Blechdeckung des Daches
- Fenstererneuerung und Neugestaltung des Wohnumfeldes und der Eingänge

Bild 5: Grundriss der End- und Mittelsektion eines Gebäudes der Bauserie P1 „Hoyerswerda“

Beschreibung der energetischen Verbesserungsmaßnahmen

Die Baumaßnahme wurde in bewohntem Zustand von März bis Oktober 1995 durchgeführt. Dabei kamen folgende energetische Verbesserungsmaßnahmen zur Ausführung:

- Anbringen eines 8 cm dicken Wärmedämmverbundsystems aus Polystyrol bzw. einer vorgehängten, hinterlüfteten Fassade (STO verotec, 8 cm Dämmstoffdicke)
- Dämmung der Kellerdecke mit 7 cm dicken Polystyrolplatten, die von unten angeklebt wurden
- Zusätzliche Dämmung der obersten Geschossdecke mit 12 cm dicken Mineralwolleplatten
- Einbau einer neuen Zweirohrheizung mit außentemperaturgeführter Regelung
- Einbau neuer Heizkörper und Thermostatventile

Die Wärmedurchgangskoeffizienten der energetisch verbesserten Hüllflächenbauteile sind in [1] nicht angegeben.

Energieeinsparung

Durch die Sanierungsmaßnahmen konnte der Heizenergieverbrauch um 50% auf 158 kWh/m^2a reduziert werden. Der für diesen Gebäudetyp nach einer energetischen Sanierung relativ hohe Verbrauchswert ist auf hohe Lüftungswärmeverluste für die Verbrennungsluftzuführung der Gasdurchlauferhitzer und Gaskochherde zurückzuführen. Der Energieverbrauch zur Warmwasserbereitung lag nach der Sanierung bei 30 kWh/m^2a. Dies entspricht einem prozentualen Anteil am Gesamtenergieverbrauch von 16 %.

Auf der Basis einer Grundlagenstudie über ostdeutsche Typenbauten wurden auch für diesen Gebäudetypus Verbrauchswerte laut folgender Tabelle 1 prognostiziert und mit den gemessenen Werten verglichen.

Tabelle 1: Zusammenstellung des berechneten Heizenergiebedarfs und des gemessenen Heizenergieverbrauchs für den Zeitpunkt vor und nach der Sanierung

	Heizenergie [kWh/m²a]	
	Rechnung	Messung
Vor der Sanierung	224	319
Nach der Sanierung	104	158
Einsparpotential	54 %	50 %

Kosten

Die abgerechneten Kosten für die komplette Sanierung belaufen sich auf 1.262.430 € und sind aufgegliedert in 967.703 € konstruktiv wirksame und 294.727 € energetisch wirksame Kosten. Auf die beheizte Wohnfläche bezogen sind dies Gesamtkosten von 443 €/m², die sich zu 340 €/m² in konstruktiv wirksame und zu 103 €/m² in energetisch wirksame Kosten aufteilen. Bei Umlage von bis zu 11 % der Investitionskosten pro Jahr auf die Kaltmiete würde sich der Mietpreis monatlich um etwa 0,96 €/m² erhöhen, während sich aufgrund der energiesparenden Verbesserungen die Heizkosten (Basis: Wärmepreis 0,05 €/kWh) um ca. 0,69 €/(m² × Monat) verringern.

Kritische Bewertung

Probleme bereitete die Frage der Wohnungslüftung im Zusammenhang mit der gesicherten Verbrennungsluftzuführung für Gaskochherd und Gasdurchlauferhitzer. Durch den Einbau neuer, dichter Fenster war die Verbrennungsluftzuführung nicht mehr ausreichend. Deshalb mussten technisch aufwendige Maßnahmen (Überströmöffnungen, Luftdurchlasselemente mit dauerbetriebenen Zuluftventilatoren) durchgeführt werden, um diesen Mangel zu beheben. Bei diesem technischen Aufwand und den durch die Be- und Entlüftung verursachten Lüftungswärmeverlusten stellt sich die Frage, ob eine Umstellung aller Kochherde auf Strom und eine zentrale Warmwasserbereitung über die neue Heizungsanlage nicht sinnvoller gewesen wäre.

Literatur

[1] *Kerschberger, Alfred:* Modellhafte Sanierung von Typenbauten (BINE-Informationspaket); Hrsg. Fachinformationszentrum Karlsruhe; TÜV-Verlag Köln (1998).

11. Sanierung eines WBS 70-Gebäudes in Friedland

Einleitung

Die Schwerpunkte des Friedländer Projekts lagen in einer abgestimmten Gesamtsanierung von Gebäudehülle, Heizung und Lüftung sowie in Untersuchungen zu den spezifischen Problemen bei der Sanierung dreischichtiger Außenwände. Außer einiger Beton- und Bewehrungsschäden an den Loggiabauteilen wies das 1980 errichtete Gebäude keine gravierenden Bauschäden auf. Durch eine thermographische Untersuchung konnten die Fensterleibungen, -stürze und -sohlbänke, die Horizontalfugen in Verbindung mit den Fensterstürzen und einige Vertikalfugen im Giebelbereich als wärmetechnische Schwachstellen identifiziert werden. Außerdem waren die Fenster sehr undicht und es kam durch Undichtheiten im Dachbereich in einer Wohnung zu Feuchteschäden [1].

Bild 1: Ansicht des Gebäudes nach Beendigung der Sanierungsarbeiten

Lage des Gebäudes

Das WBS 70-Wohngebäude wurde 1980 in Friedland erstellt. Friedland kann gemäß DIN V 4108,Teil 6, der TRY-Region 4 (Potsdam) zugeordnet werden.

Zustand vor der Sanierung

Gebäude

Das Gebäude umfasst 5 Geschosse und 4 Aufgänge. Die insgesamt 45 Wohnungen haben eine beheizte Gesamtnutzfläche von 2.349 m^2. Beim Bau dieses

Wohngebäudes wurde der Konstruktionstyp WBS 70 verwendet. Die Bauserie WBS 70 als eine der bekanntesten und meistverbreiteten Konstruktionstypen beinhaltet eine dreischichtige Außenwandkonstruktion mit 5 cm dicker Kerndämmung und 6 cm dicker Wetterschale aus Normalbeton. Die Außenoberfläche war in Form einer Splitteinstreuung ausgebildet worden und die oberste Geschossdecke war teilweise mit Mineralwollematten gedämmt. Das Dach ist als Kaltdach mit innenliegender Entwässerung aufgebaut und die Kellerdecke war zwischen Estrich und Rohdecke mit einer 1 bis 2 cm dicken Dämmschicht gedämmt. Als Fenster waren isolierverglaste Kunststofffenster eingebaut worden.

Bild 2: Ansicht des Wohngebäudes vor der Sanierung

Heizung/Lüftung

Als Heizsystem war eine Einrohrheizung installiert, die nur mit Hilfe von Handmischventilen reguliert werden konnte. Die Wärmeversorgung erfolgte über das Fernwärmenetz. Zur Wohnungslüftung wurde ein System mit zentralem Abluftventilator eingesetzt, das in Küche und Bad die verbrauchte Luft absaugte.

Energieverbrauch vor der Sanierung

Der gemessene Heizenergieverbrauch des Gebäudes lag mit 275 kWh/m^{2}a weit über den für die Gebäudeart WBS 70 üblichen Verbrauchswerten von 160 bis 180 kWh/m^{2}a. Dagegen wurde für den Energieverbrauch zur Warmwasserbereitung ein unrealistisch niedriger Wert von 18 kWh/m^{2}a bzw. 42 MWh/a ermittelt, was einem prozentualen Anteil am Gesamtenergieverbrauch von ca. 7 % entspricht. Bei diesen Angaben sind Rohrwärmeverluste nicht enthalten.

Sowieso-Maßnahmen

Ohnehin durchzuführende Maßnahmen waren:

- Balkoninstandsetzung
- Instandsetzung des Treppenhauses
- Austausch der Hausanschlussstation
- Modernisierung der Anlagentechnik bezüglich Wasserversorgung, Abwasser, Sanitär

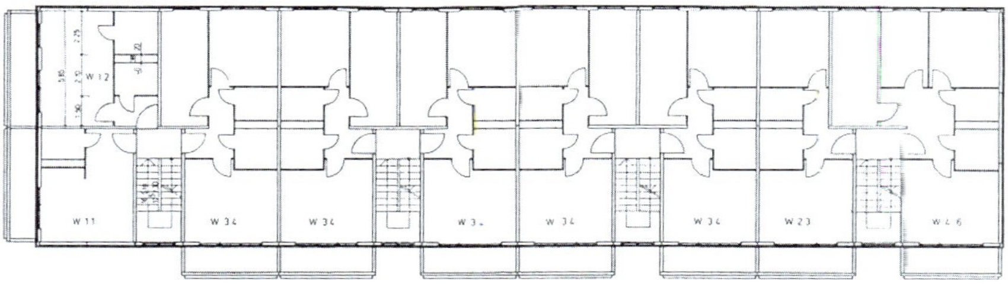

Bild 3: Grundriss des WBS 70-Modellgebäudes in Friedland

Beschreibung der energetischen Verbesserungsmaßnahmen

Die Sanierung wurde zwischen Juli und Dezember 1994 in bewohntem Zustand durchgeführt. An energiesparenden Modernisierungsmaßnahmen kamen dabei folgende Arbeiten zur Ausführung:

- Anbringen eines 6 und 8 cm dicken Wärmedämmverbundsystems (WDVS) aus Polystyrol an den Außenwänden. Aufgrund großer Unebenheiten mussten mechanisch befestigte WDVS, sogenannte Schienensysteme verwendet werden.
- Dämmung der obersten Geschossdecke mit 20 cm dicken, begehbaren Mineralwolleplatten
- Dämmung der Kellerdecke durch von unten angeklebte, 10 cm dicke Polystyrolplatten.
- Austausch der alten isolierverglasten Fenster durch neue Kunststofffenster mit Wärmeschutzverglasung (k-Wert: 1,4 W/m^2K)
- Einbau einer neuen Zweirohrheizung mit wohnungsweiser, horizontaler Verteilung. Die Heizungsregelung und Heizkostenverteilung erfolgt über ein elektronisches Wärmerechnersystem
- Einbau neuer Zu- und Abluftventile in den Wohnungen und einer Differenzdruckregelung der Systeme

Die Wärmedurchgangskoeffizienten der Hüllflächenbauteile nach der Sanierung sind in [1] nicht angegeben.

Energieeinsparung

Der Heizenergieverbrauch nach der Sanierung lag bei 63 kWh/m²a. Im Vergleich zu dem Verbrauchswert vor der Sanierung ist dies gleichbedeutend mit einer prozentualen Einsparung von 77 %. Dieser extrem hohe Einsparungswert muss kritisch hinterfragt werden, da vor allem der Heizenergieverbrauch vor der Sanierung von 275 kWh/m²a unverhältnismäßig hoch erscheint. In Tabelle 1 sind die für diesen Gebäudetyp gemäß einer Grundlagenstudie prognostizierten Verbrauchswerte aufgeführt. Der Energieverbrauch zur Warmwasserbereitung belief sich auf 33 kWh/m²a und entspricht damit einem Anteil am Gesamtwärmeverbrauch von 34 %.

Tabelle 1: Zusammenstellung des berechneten Heizenergiebedarfs und des gemessenen Heizenergieverbrauchs für den Zeitpunkt vor und nach der Sanierung

	Heizenergie [kWh/m²a]	
	Rechnung	Messung
Vor der Sanierung	206	275
Nach der Sanierung	103	63
Einsparpotential	50 %	77 %

Kosten

Die Gesamtkosten der Modernisierungsmaßnahme belaufen sich auf 1.163.510 € und gliedern sich in 762.730 € konstruktiv wirksame und 400.780 € energetisch wirksame Kosten. Auf die beheizte Wohnfläche bezogen sind dies Gesamtkosten von 495 €/m², die sich zu 324 €/m² in konstruktiv wirksame und zu 171 €/m² in energetisch wirksame Kosten aufteilen. Bei Umlage von 11 % der Investitionskosten pro Jahr auf die Kaltmiete würde sich diese um 1,57 €/(m² × Monat) erhöhen, während sich die Heizkosten durch die energiesparenden Verbesserungen unter Zugrundelegung eines Energiepreises von 0,05 €/kWh nur um 0,91 €/(m² × Monat) reduzieren ließen.

Kritische Bewertung

Untersuchungen zu den spezifischen Problemen bei der Sanierung dreischichtiger Außenwände (WBS 70: 150 mm Stahlbeton, 50 mm Dämmung, 60 mm Stahlbeton) ergaben, dass die Montage von Wärmedämmverbundsystemen eher

unkritisch zu sehen ist. Schwierigkeiten in bezug auf die Sicherung der Wetterschale, Befestigung der Dämmsysteme und Fugenbewegungen unter den Dämmsystemen, Wandaustrocknung und Korrosionshemmung durch Dämmsysteme konnten trotz extremer Beanspruchung im Laufe der zweijährigen Untersuchung nicht festgestellt werden.
Durch eine gute Mieterinformation wurden die Bewohner in den Sanierungsprozess mit einbezogen. Abgesehen von wenigen Ausnahmen stellte sich auf Bewohnerseite eine gute Akzeptanz ein.

Literatur

[1] *Kerschberger, Alfred:* Modellhafte Sanierung von Typenbauten (BINE-Informationspaket); Hrsg. Fachinformationszentrum Karlsruhe; TÜV-Verlag Köln (1998).

12. Sanierung eines zehngeschossigen Plattenbaus in Berlin-Mitte

Einleitung

Das Gebäude wurde 1970/71 errichtet und kann als typischer Vertreter der Plattenbauserie P2 angesehen werden. Ein besonderes Merkmal des P2/10-Typs ist die Erschließung über zwei Eingänge mit je drei Treppenhäusern und Verteilergängen im 1., 3., 6. und 9. Geschoss, die als Verbindung zwischen Treppenhäusern und Aufzügen dienen. Bei dem Gebäude konnten für diese Bauweise typische Bauschäden (Bewehrungskorrosion, Betonabplatzungen, starke Rissbildung, versprödete Fugendichtstoffe, Verankerungskorrosion, undichte Fenster) festgestellt werden. Ziel der zwischen März und September 1995 durchgeführten Sanierung war eine optimale Kombination energiesparender Modernisierungsmaßnahmen mit den notwendigen Instandhaltungsarbeiten [1].

Bild 1: Ansicht des Gebäudes nach Beendigung der Sanierungsarbeiten

Lage des Gebäudes

Der 1970/71 erstellte Plattenbau befindet sich in der Schmidstraße 5/7 in Berlin - Mitte. Berlin kann gemäß DIN V 4108, Teil 6, der TRY-Region 4 (Potsdam) zugeordnet werden.

Zustand vor der Sanierung

Gebäude

Der zehngeschossige Plattenbau hat eine Wohnfläche von 6.168 m². Die Fassadenkonstruktion bestand aus zweischichtigen Betonlängswänden mit innenliegender Wärmedämmung aus 5 cm dicken Holzwolle-Leichtbauplatten und dreischichtigen Giebelwänden mit Kerndämmung und Luftschicht. Die Längswände waren teilweise mit Spaltklinkerplatten (Keramik) belegt. Die Kellerdecke war zwischen Estrich und Rohdecke mit einer 1 cm dicken Mineralwollplatte gedämmt worden und auf der obersten Geschossdecke wurde bereits 1992 eine 8 cm dicke Zusatzdämmung verlegt, durch die der Wärmedurchgangskoeffizient in dem Bereich auf 0,7 W/m²K verbessert werden konnte. Das Dach wurde als belüftetes Kaltdach mit Innenentwässerung ausgeführt und bei den Fenstern kamen Holzverbundfenster zur Anwendung.

Bild 2: Ansicht des zehngeschossigen Plattenbaus vor der Sanierung

Heizung/Lüftung

1993 wurde die ursprünglich eingebaute senkrechte Einrohrheizung mit Konvektortruhen durch eine neue Zweirohrheizung in Verbindung mit einer neuen Hausanschlussstation ersetzt. Die Warmwasserbereitung erfolgte dezentral über Gasdurchlauferhitzer und als Lüftungssystem war eine Abluftanlage mit zentralen Ventilatoren installiert worden.

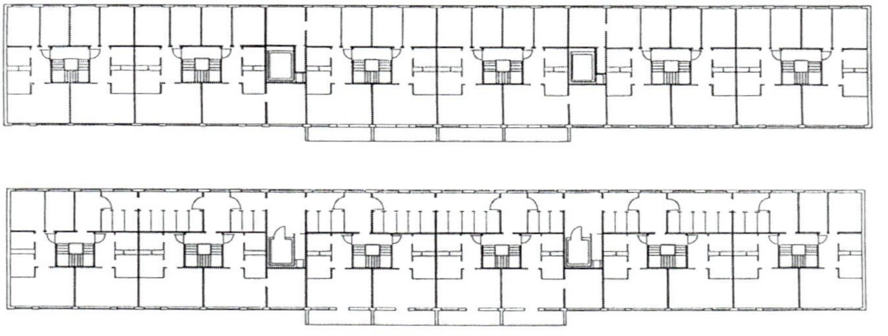

Bild 3: Grundrisse eines Wohn- und eines Verteilergang-geschosses des Gebäudes

Energieverbrauch vor der Sanierung

Der Heizenergieverbrauch vor der Sanierung lag bei 1.341 MWh/a bzw. 217 kWh/m^{2}a. Für den Energieverbrauch für die Warmwasserbereitung konnten aufgrund der dezentralen Bereitung keine Daten ermittelt werden.

Sowieso-Maßnahmen

Aufgrund der aufgetretenen Schadensbilder an der Gebäudehülle waren folgende Maßnahmen unumgänglich:

- Sanierung der Außenfassade
- Fenstererneuerung
- Ersatz der Balkonbrüstungen und Betonbalken durch leichte Stahlkonstruktionen
- Betonsanierung der übrigen Loggiabauteile
- Sanierung der Treppenhäuser
- Neugestaltung der Eingangsbereiche

Beschreibung der energetischen Verbesserungsmaßnahmen

Die Sanierung wurde in bewohntem Zustand zwischen März und September 1995 durchgeführt und beinhaltete folgende energiesparende Maßnahmen:

- Anbringen eines Wärmedämmverbundsystems aus 8 und 10 cm dickem Mineralwolledämmstoff an den Längswänden der Außenfassade. Bei großen Fassadenunebenheiten kamen teilweise Schienensysteme zur Ausführung
- Anbringen einer vorgehängten, hinterlüfteten Fassade mit einer 8 cm dicken Dämmschicht an den Giebelwänden
- Unterseitige Dämmung der Kellerdecke mit einer 6 cm dicken Schicht aus Dossolan Thermique (gespritzt)
- Austausch der alten einfachverglasten Fenster gegen neue Kunststofffenster mit einer Wärmeschutzverglasung (k-Wert: 1,8 W/m^{2}K)

- Umstellung der Heizung auf einen niedrigeren Temperaturbereich und Einbau eines optimierten Wärmerechnersystems zur Heizungsregelung, Verbrauchserfassung und Anpassung der Vorlaufkurve (System „Riedel“)
- Zentralisierung der dezentralen Warmwasserbereitung
- Energiesparende Modernisierung der vorhandenen Lüftung (Sanierung von Abluftventilen, Kanälen, Ventilatoren, Steuerung)

Die Wärmedurchgangskoeffizienten der Hüllflächenbauteile nach der Sanierung sind in [1] nicht angegeben.

Energieeinsparung

Durch die Sanierungsmaßnahmen konnte der Heizenergieverbrauch um 67 % auf 72 kWh/m²a reduziert werden. Im Rahmen einer Grundlagenstudie wurde der durchschnittliche Heizenergieverbrauch ostdeutscher Typenbauten prognostiziert. Die entsprechenden Werte sind in Tabelle 1 aufgeführt.

	Heizenergie [kWh/m²a]	
	Rechnung	Messung
Vor der Sanierung	183	217
Nach der Sanierung	83	72
Einsparpotential	55 %	67 %

Tabelle 1: Zusammenstellung des berechneten Heizenergiebedarfs und des gemessenen Heizenergieverbrauchs für den Zeitpunkt vor und nach der Sanierung

Der Energiebedarf für die Warmwasserbereitung betrug nach der Sanierung 52 kWh/m²a. Dies entspricht einem prozentualen Anteil am Gesamtenergieverbrauch von 42 %.

Kosten

Die Gesamtkosten des Vorhabens in Höhe von 2.257.640 € unterteilen sich in 1.622.332 € konstruktiv bedingte und 635.308 € energetisch bedingte Kosten. Auf die beheizte Wohnfläche bezogen sind dies Gesamtkosten von 366 €/m², die sich zu 263 €/m² in konstruktiv wirksame und zu 103 €/m² in energetisch wirksame Kosten aufteilen. Bei Annahme einer Umlage von 11 % p. a. der Investitionskosten auf die Kaltmiete, würde sich diese um etwa 0,95 €/(m² × Monat) erhöhen. Trotz hoher Energieeinsparung reicht die Heizkosteneinsparung in Höhe von 0,62 €/(m² × Monat) (Basiswert: Energiepreis 0,05 €/kWh) nicht aus, um die Investitionskosten zu refinanzieren.

Kritische Bewertung

Die Akzeptanz aller Maßnahmen und damit auch der Erfolg solcher Projekte hängt davon ab, ob sich entsprechende finanzielle Einsparungen durch die Reduzierung der Heizkosten auf den Geldbeutel der Bewohner niederschlagen, was insbesondere für eine langfristige Vermietung der Wohnungen im Plattenbau von großer Bedeutung ist. Unter diesem Gesichtspunkt ist es als äußerst positiv zu beurteilen, dass laut einer Umfrage unter den Bewohnern 80 % der Befragten angaben, ihr Verbrauch an Heizenergie sei gesunken. Insgesamt war die Resonanz der Mieter auf die Sanierungsmaßnahme trotz der nicht ganz reibungslos verlaufenen Bauabwicklung sehr positiv. 71 % der Befragten waren mit der Sanierung sehr zufrieden, 25 % waren teilweise zufrieden und nur 4 % waren mit der Maßnahme unzufrieden. Interesse an Energieeinsparung äußerten alle Befragten. Deshalb ist es wichtig, die Bewohner intensiv zu betreuen und zu beraten, um eventuelle Hemmschwellen und Vorbehalte gegenüber moderner Technik zu beseitigen und um auf aus energetischer Sicht ungünstige Verhaltensweisen (falsches Lüften) aufmerksam zu machen und diese zu korrigieren.

Literatur

[1] *Kerschberger, Alfred:* Modellhafte Sanierung von Typenbauten (BINE-Informationspaket); Hrsg. Fachinformationszentrum Karlsruhe; TÜV-Verlag Köln (1998).

13. Sanierung eines Blockbaus in Merseburg

Einleitung

Bei dieser durchgeführten Sanierung handelt es sich um zwei fünfgeschossige Blockbauten des Typs „Brandenburg“ 0,8 t, die 1974 erstellt wurden. Die energetische Sanierung erfolgte bei diesem Projekt in zwei Stufen. Zunächst wurde 1992 die Heizungsanlage modernisiert und das Einsparpotential ermittelt. Im Sommer 1994 wurde dann die Gebäudehülle konstruktiv und wärmetechnisch saniert und das Einsparpotential der kombinierten Verbesserung Gebäudehülle-Heizung festgestellt. Anlass für die Sanierung gab neben dem ungenügenden Wärmeschutz eine Reihe von Bauschäden (Tauwasserschäden mit Schimmelpilzbefall an der Außenwand, größere Betonabplatzungen im Balkonbereich, schadhafte und undichte Fenster, undichte Haustüren), die bei der Bestandsaufnahme der Bausubstanz festgestellt wurden [1].

Bild 1: Ansicht des Gebäudes nach Beendigung der Sanierungsarbeiten

Lage der Gebäude

Die beiden Gebäude wurden 1974 in der Klobikauer Straße in Merseburg errichtet. Merseburg kann gemäß DIN V 4108, Teil 6, der TRY-Region 9 (Leipzig) zugeordnet werden.

Zustand vor der Sanierung

Gebäude

Die beiden fünfgeschossigen Blockbauten umfassen 70 Wohneinheiten mit einer Wohnfläche von insgesamt 3.939 m². Die Außenwand bestand aus 27,5 cm dicken Leichtbetonelementen, die beidseitig verputzt waren. Die Dachkonstruktion war als Kaltdach mit Innenentwässerung ausgebildet und die oberste Geschossdecke war mit einer Wärmedämmung ausgestattet. Unter dem Estrich der Betondecke im Keller war ebenfalls eine Wärmedämmung eingebaut worden. Als Fenster wurden isolierverglaste Holzfenster vorgefunden.

Bild 2: Ansicht des Blockbaus vor der Sanierung

Heizung/Lüftung

Die Wohnungen wurden dezentral mit braunkohlebeschickten Einzelöfen geheizt. Die Warmwasserbereitung erfolgte auch dezentral über Boiler und Durchlauferhitzer mit unterschiedlichen Energieträgern. Gelüftet wurde über freie Fensterlüftung.

Energieverbrauch vor der Sanierung

Im unsanierten Zustand lag der Heizenergieverbrauch bei 744 MWh/a bzw. 189 kWh/m²a und damit weit unter dem gemäß einer Grundlagenstudie für diesen Gebäudetypus vorausberechneten Mittelwert von 261 kWh/m²a. In Tabelle 1 sind diese Verbrauchswerte dargestellt. Der Energieverbrauch zur Warmwasserbereitung wurde durch Rechnungen auf 118 MWh/a bzw. 30 kWh/m²a abgeschätzt.

Sowieso-Maßnahmen

Ohnehin durchzuführende Sanierungsarbeiten waren:

- Beseitigung der Bauschäden und Baumängel an der Gebäudehülle
- Erneuerung der Gas-, Wasser- und Elektroinstallation
- Balkon-, Treppenhaus- und Dachsanierung

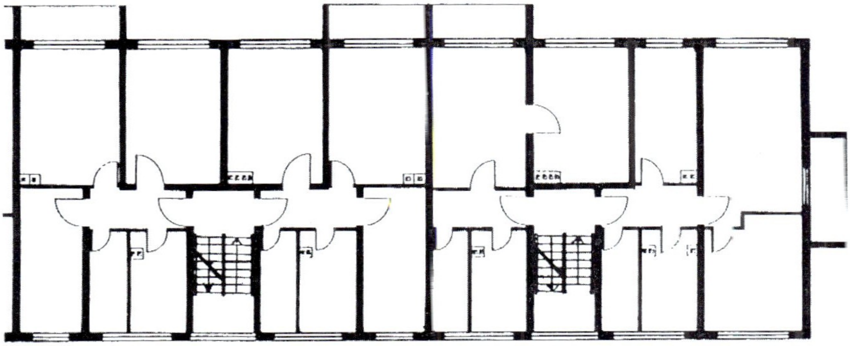

Bild 3: Regelgrundriss der Blockbauten Typ „Brandenburg" in Merseburg

Beschreibung der energetischen Verbesserungsmaßnahmen

Die energetische Modernisierung gliedert sich in zwei Abschnitte. Zunächst wurde 1992 die Heizungsanlage modernisiert, indem die Braunkohleeinzelöfen entfernt und sowohl Fernwärmesysteme als auch Gasetagen- und Gaszentralheizungen installiert wurden.

Der zweite Modernisierungsabschnitt wurde 1994 durchgeführt und bestand in der Sanierung der wärmetauschenden Hüllfläche des Gebäudes. Dabei kamen folgende Punkte zur Ausführung:

- Anbringen eines 12 cm dicken Wärmedämmverbundsystems aus Polystyrol-Hartschaum an den Außenwänden
- Zusätzliche Dämmung der obersten Geschossdecke mit einer 12 cm dicken, im Einblasverfahren eingebrachten Schicht aus Mineralwolleflocken
- Unterseitige Dämmung der Kellerdecke mit 8 cm dicken Polystyrol-Dämmplatten
- Austausch der alten Fenster gegen Kunststofffenster mit Wärmeschutzverglasung (k-Wert: 1,3 W/m²K)

Im Rahmen der Gesamtmaßnahme wurde außerdem die Gas-, Wasser- und Elektroinstallation erneuert und das Wärmerechnersystem „Riedel" zur Heizungsregelung und Verbrauchserfassung eingebaut.
Die Wärmedurchgangskoeffizienten der Hüllflächenbauteile nach der energetischen Sanierung sind in [1] nicht angegeben.

Energieeinsparung

Nach der Sanierung wurde ein Heizenergieverbrauch von 96 kWh/m²a gemessen. Dieser Wert liegt unter dem laut einer Grundlagenstudie für diesen Gebäudetyp prognostizierten Verbrauchswert nach Wärmeschutz- und Heizungsverbesserung von 114 kWh/m²a und entspricht einer prozentualen Einsparung von 49 %. In Tabelle 1 sind die Heizenergieverbräuche vor und nach der Sanierung dargestellt.

Tabelle 1: Zusammenstellung des berechneten Heizenergiebedarfs und des gemessenen Heizenergieverbrauchs für den Zeitpunkt vor und nach der Sanierung

	Heizenergie [kWh/m²a]	
	Rechnung	Messung
Vor der Sanierung	261	189
Nach der Sanierung	114	96
Einsparpotential	56 %	49 %

Der Energieverbrauch zur Warmwasserbereitung lag nach der Sanierung bei 26 kWh/m²a und entsprach damit einem prozentualen Anteil am Gesamtwärmeverbrauch von 21 %.

Kosten

Bezüglich der Kosten liegen keine Angaben vor.

Kritische Bewertung

Nach der Heizungsumrüstung 1992 und der Ausstattung der Wohnungen mit modernen Heiz- und Warmwasserbereitungsanlagen wurde das Gebäude in den folgenden beiden Heizperioden hinsichtlich des Energieverbrauchs und der Emissionen beobachtet und messtechnisch erfasst. Dabei konnte festgestellt werden, dass der Heizwärmeverbrauch nach der Heizungserneuerung trotz des höheren Wirkungsgrads der modernen Heizungsanlagen in etwa gleich blieb. Dies ist darauf zurückzuführen, dass die durch die moderne Anlagentechnik hervorgerufene Energieeinsparung durch ein verändertes Nutzerverhalten kompensiert worden ist. Es wurden nach dem ersten Sanierungsabschnitt über die installierten Heizkörper alle Räume beheizt, während vor der Sanierung nur einzelne Räume von den Braunkohleeinzelöfen versorgt worden waren.

Obwohl es während der Bauausführung unliebsame Überraschungen gab (Erneuerung aller Strangleitungen aufgrund des schlechten Zustands des vorgefundenen Rohrsystems; starker etagenweiser Versatz der Kaminführung) und die Sanierung in bewohntem Zustand durchgeführt werden musste konnte durch eine gute Mieterbetreuung der „Gebäudewirtschaft Merseburg“ eine große Akzeptanz der Baumaßnahme bei den Bewohnern erreicht werden.

Literatur

[1] *Kerschberger, Alfred:* Modellhafte Sanierung von Typenbauten (BINE-Informationspaket); Hrsg. Fachinformationszentrum Karlsruhe ; TÜV-Verlag Köln (1998)

14. Sanierung eines 12-Familienwohnhauses in Hannover-Döhren, Isarstraße

Einleitung

Das freistehende Mehrfamilienwohngebäude wurde 1955 in Hannover-Döhren erstellt. Im Rahmen des Programms THERMIE-ALTBAU wurde im Zeitraum von April 1994 bis Januar 1996 eine umfassende Sanierung vorgenommen, anschließend ausgewertet und in einer Projektdokumentation zusammengefasst [1].

Bild 1: Ansicht des Mehrfamilienhauses nach der Sanierung

Lage des Gebäudes

Das Gebäude wurde 1955 in der Isarstraße 3,5,7 in Hannover-Döhren erstellt. Hannover kann gemäß DIN V 4108,Teil 6, der TRY-Region 2 (Hannover) zugeordnet werden.

Zustand vor der Sanierung

Gebäude

Das dreigeschossige Wohnhaus besitzt insgesamt 18 Wohneinheiten und ein anrechenbares Volumen von 2.835 m^3. Die beheizte Nutzfläche beläuft sich auf 1.134 m^2. Sowohl das Dachgeschoss als auch der Keller, in dem sich die Abstellräume befinden, ist unbeheizt. Die Außenwand besteht aus einschaligem, verputztem Mauerwerk. Dachboden und Kellerdecke wurden aus Stahlbeton und zusätzlich aufgebrachtem Estrich hergestellt. Die Fenster sind mit einer Isolierverglasung ausgestattet.

Heizsystem

Die Wohnungen wurden vor der Sanierung dezentral in unterschiedlicher Weise mit Heizwärme und Warmwasser versorgt. 17 Wohnungen hatten eine Gasetagenheizung über Gaskessel mit getrennter Warmwasserbereitung durch Boiler oder Gaskombi-Thermen mit integrierter Warmwasserbereitung. Eine Wohnung war mit Nachtspeicheröfen zur Heizung der Räume ausgestattet.

Bild 2: Ansicht des Gebäudes vor der Sanierung

Energieverbrauch vor der Sanierung

Vor der Sanierung lag der Heizenergiebedarf bei Annahme eines Jahresnutzungsgrades von 71 % bei 213,3 MWh/a. Nutzflächenbezogenen sind dies 188 kWh/m²a. Der gemessene Verbrauch lag mit 211 kWh/m²a etwas über dem berechneten Bedarf.

Sowieso-Maßnahmen

Vom Eigentümer ohnehin geplante Modernisierungsmaßnahmen waren:

- Erneuerung der verputzten, rissigen Fassade
- Heizungserneuerung
- Erneuerung des Sanitärbereichs
- Neugestaltung des Eingangs-, Treppenhaus- und Balkonbereichs

Beschreibung der energetischen Verbesserungsmaßnahmen

Nach ausreichender Abwägung aller möglichen Maßnahmen kamen folgende Sanierungsarbeiten zur Ausführung:

- Anbringen einer 12 cm dicken Thermohaut aus Polystyrol (WLG 040) auf die Außenwand. Im Balkonbereich konnte aus Platzgründen nur eine 6 cm starke Dämmschicht eingebaut werden.
- Dämmung der Kellerdecke mit 6 cm dicken Hartschaumplatten (WLG 040).
- Dämmung des Dachbodens bzw. der obersten Geschossdecke mit 8 cm dicker Wärmedämmung (WLG 035/040).

Die Wärmedurchgangskoeffizienten der Hüllflächenbauteile vor und nach der Sanierung sind in Tabelle 1 zusammengestellt.

Tabelle 1: Zusammenstellung der Wärmedurchgangskoeffizienten vor und nach der Sanierung

Bauteil	Wärmedurchgangskoeffizient [W/m²K]	
	Vor der Sanierung	Nach der Sanierung
Außenwand	1,44	0,28
Außenwand Balkonbereich	1,44	0,53
Kellerdecke	1,02	0,48
Dachboden	1,25	0,39

Eine weitere Verbesserungsmaßnahme war die Installation eines zentralen Gas-Brennwertgerätes für die Heizung und Warmwasserbereitung. Dadurch konnte der Jahresnutzungsgrad auf 92 % erhöht werden. Auf eine Fenstererneuerung wurde bei diesem Gebäude verzichtet.

Energieeinsparung

Nach der Durchführung des Sanierungskonzepts konnte in der Heizperiode 1996/97 ein Heizenergieverbrauch von 89,1 MWh/a bzw. 79 kWh/m^{2}a gemessen werden. Gegenüber den Werten vor der Sanierung ergibt sich daraus eine Einsparung von 63 %. Die rein rechnerische Einsparung von 67 % konnte damit nicht ganz erreicht werden; aufgrund der annähernden Übereinstimmung ist das Ergebnis dennoch mit gut zu bewerten. Bei der Simulationsrechnung konnte dabei die Außenwand mit 35 % als das Bauteil mit dem größten Einsparpotential identifiziert werden. Danach kommen Heizung/Warmwasser mit 16 %, Dach mit 12 % und Kellerdecke mit 4 %.

Kosten

Bei den im Rahmen von THERMIE-ALTBAU sanierten Gebäuden sind nicht die real entstandenen Kosten, sondern die rechnerisch ermittelten dokumentiert worden. Die Kostenrechnung erfolgte nach pauschalen Durchschnittspreisen für sanierte Bauteilflächen und Heizanlagen. In Tabelle 2 sind Sanierungskosten, Energiesparkosten und Vollkosten angegeben. Die Vollkosten umfassen die Kosten für alle anfallenden Arbeiten, wozu beispielsweise auch Putz- und Malerarbeiten sowie Gerüst usw. gehören. Die reinen Energiesparkosten beziehen sich auf die Kosten des Dämmstoffes, der besseren Verglasung und effizienteren Heizanlage sowie der Montage dieser energiesparenden Elemente. Die verbleibenden Kosten stellen die reinen Sanierungskosten bzw. Sowiesokosten dar. Energiesparinvestitionen können nach dem Mieterhöhungsgesetz mit bis zu 11 % pro Jahr auf die Miete umgelegt werden. Diese Umlage auf die Kaltmiete ist zunächst völlig unabhängig von den Energiepreisen und deren zukünftiger Entwicklung. Allerdings sind bei Sanierungsinvestitionen vorher anteilige Kosten für die Instandhaltung abzuziehen. Der Instandhaltungsanteil richtet sich nach den konkreten Verhältnissen des Einzelfalls. Für die Auswertung der Modellprojekte THERMIE-ALTBAU wurde ein einheitlicher Verteilungsschlüssel zugrunde gelegt, der unter Beteiligung der örtlichen Verbände und der Hauseigentümer (Haus & Grund) und Mieter (Mieterbund) als konsensfähiges Modell entwickelt wurde. Es wurden somit nicht die Investitionskosten für die Energieeinsparmaßnahmen, sondern der in der Tabelle angegebene Prozentsatz von den Vollkosten für die Berechnung der Kaltmietenveränderung herangezogen. Bei dieser Betrachtung kann die Kaltmiete bei diesem Sanierungsobjekt um monatlich 0,85 € pro Quadratmeter Wohnfläche erhöht werden. Die berechnete Heizenergieeinsparung infolge der energetischen Verbesserung beläuft sich auf 142.900 kWh/a. Bei Annahme eines Energiepreises von 0,03 €/kWh ergibt dies monatlich eine wohnflächenbezogene Heizkostenersparnis von 0,32 €. Die effektive Warmmietenveränderung beträgt somit 0,53 €/(m^2 × Monat). Durch den gewährten Zuschuss von 22.500 €, der bei der Berechnung der Miete von den Vollkosten abgezogen werden kann, reduziert sich die Warmmietenerhöhung auf 0,35 €/(m^2 × Monat).

Bauteil	Sanierungskosten	Energieeinsparkosten	Vollkosten	Umlage	Kaltmietenveränderung	Heizenergieeinsparung	Heizenergieeinsparung	Warmmietenveränderung
	€	€	€	%	€/m² mth.	kWh/a	%	€/m² mth.
Wand	51.625	51.625	103.250	50	0,42	75.200	35	0,25
Keller	0	7.150	7.150	100	0,06	7.800	4	0,04
Dach	0	16.300	16.300	100	0,13	25.200	12	0,07
Heizung/WW	51.000	9.000	60.000	50	0,24	34.700	16	0,17
Summe	102.600	84.050	186.700	–	0,85	142.900	67	0,53
							Mit Förderung	0,35

Tabelle 2: Übersicht über Kosten und resultierende Mietpreiserhöhungen für das Mehrfamilienhaus in Hannover-Döhren

Kritische Bewertung

Aufgrund der hohen Investitionskosten von 225 bis 250 €/m² blieben die Balkonböden ungedämmt und können so wegen der entsprechenden Wärmebrückenwirkung aus energietechnischer Sicht als verbliebene Schwachstellen des Gebäudes beurteilt werden. Ansonsten ist die Maßnahme als durchweg positiv zu bewerten. Die gelungene Verbindung von Energiespar-, Instandhaltungs- und Verschönerungsmaßnahmen führte nicht nur zu einer deutlichen Aufwertung des Gebäudes, sondern der gesamten Straße. Der Eigentümer modernisiert aufgrund der positiven Erfahrungen weitere Gebäude und die Akzeptanz der Mieter für derartige Sanierungsarbeiten ist gestiegen.

Literatur

[1] *Stadtwerke Hannover AG:* THERMIE-ALTBAU – Dokumentation der Modellprojekte (Oktober 1997); Umfassende Mobilisierung von CO_2-Reduktionspotentialen im Wohnungsgebäudebestand durch optimierte energetische Altbausanierung.

15. Sanierung eines 8-Familienwohnhauses in Hannover-Linden, Albertstraße

Einleitung

Das Gebäude wurde als freistehendes Hinterhaus im Jahre 1910 erstellt und wies wärmetechnische Mängel und einen dementsprechend hohen Heizenergiebedarf auf. Ein zu dem Gebäude gehörendes Vorderhaus wurde im Krieg zerstört und nicht mehr aufgebaut. Insbesondere Zugerscheinungen durch undichte Fenster und Fassadenfugen und andere Bauschäden waren für den Eigentümer ausreichende Gründe für entsprechende Modernisierungsmaßnahmen. Die Arbeiten dauerten von August 1994 bis April 1995. Der Eigentümer wurde durch das Programm THERMIE-ALTBAU der Stadt Hannover [1] unterstützt.

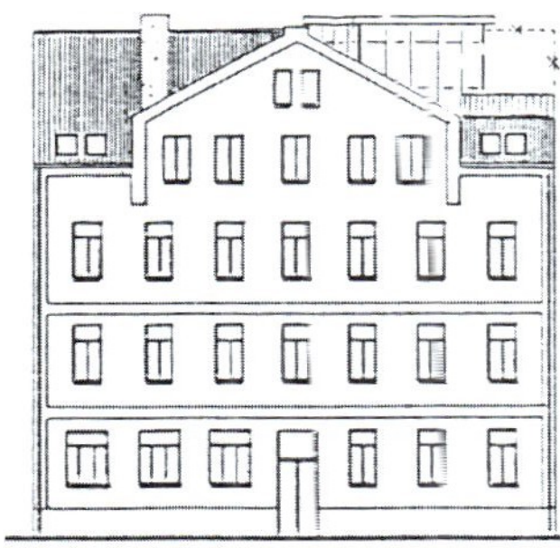

Straßenansicht (Nord-West)

Straßenfassade
Straßenansicht (Süd-Ost)

Bild 1: Straßenansicht des Gebäudes und zwei Bauzeichnungen des Wohnhauses nach Beendigung der Sanierungsarbeiten

Lage des Gebäudes

Das Wohngebäude wurde in der Albertstraße 26 in Hannover-Linden erbaut. Hannover kann gemäß DIN V 4108,Teil 6, der TRY-Region 2 (Hannover) zugeordnet werden.

Zustand vor der Sanierung

Gebäude

Das viergeschossige Gebäude beinhaltet insgesamt 8 Wohneinheiten zu je ca. 50 m^2. Daraus ergibt sich eine beheizte Nutzfläche von 408 m^2 und ein anrechenbares Luftvolumen von 1.190 m^3. Der zunächst unbeheizte Dachbereich wurde im Zuge der Sanierung ausgebaut. Die Außenwand bestand aus einschaligem Mauerwerk, das teilweise verputzt war und teilweise aus Sichtmauerwerk bestand. Die Fenster wiesen Einfachverglasung auf.

Bild 2: Ansicht des Gebäudes vor der Sanierung

Heizsystem

Das 1992 von einem Architekten erworbene Wohnhaus wurde im gleichen Jahr an eine Fernwärmeversorgung angeschlossen. Die zentrale Warmwasserbereitung war dabei mit eingeschlossen, so dass bei der Heizungssanierung kein Handlungsbedarf bzw. kein Energieeinsparpotential bestand.

Energieverbrauch vor der Sanierung

Vor den Modernisierungsarbeiten konnte ein Heizenergieverbrauch von 78,4 MWh/a bzw. 192 kWh/m^2a gemessen werden. Die mit den vorliegenden

Wärmedurchgangskoeffizienten berechneten Heizenergiebedarfswerte für eine Normnutzung liegen mit 309 kWh/m²a deutlich über den Messwerten. Gründe hierfür sind wohl darin zu sehen, dass größere Bereiche der Wohnfläche von den Mietern nicht beheizt wurden.

Beschreibung der energetischen Verbesserungsmaßnahmen

Da die Heizungsanlage bereits vor der Sanierung modernisiert worden war, beschränkten sich die Möglichkeiten zur Energieeinsparung im wesentlichen auf wärmeschutztechnische Maßnahmen am Gebäude selbst. Dabei kamen folgende Arbeiten zum Einsatz:

- Anbringen eines 12 cm dicken Wärmedämmverbundsystems aus Polystyrol (WLG 040) an der Außenwand.
- Austausch der einfachverglasten Holzfenster gegen Holzfenster mit Wärmeschutzverglasung.

Der Dachausbau wird als Neubaumaßnahme betrachtet und geht nicht in die Betrachtung der energieeinsparenden Auswirkungen der Sanierung ein. Trotzdem werden durch den Ausbau die Wärmeverluste des gesamten Gebäudes verringert (Puffereffekt), was zu einer zusätzlichen Energieeinsparung führt. Da die Fenstererneuerung neben der Dämmung der Gebäudehülle der wesentliche Bestandteil des Einsparpotentials ist, wurde eine computergestützte Wärmebrückenbeurteilung von Anschlussdetails wie Fensterpositionierung, Blendrahmendämmung, Dämmung der Fensterleibung durchgeführt und bewertet. Aus Gründen des Brandschutzes konnte bei der Außenwanddämmung ein vom Eigentümer gewünschter „Öko-Dämmstoff" wie z. B. Schilf nicht verwendet werden. In Tabelle 1 sind die Wärmedurchgangskoeffizienten vor und nach der Sanierung zusammengestellt.

Bauteil	Wärmedurchgangskoeffizient [W/m²K]	
	Vor der Sanierung	Nach der Sanierung
Außenwand	1,75	0,28
Fenster	5,20	1,60

Tabelle 1: Zusammenstellung der Wärmedurchgangskoeffizienten vor und nach der Sanierung

Energieeinsparung

Der nach der Sanierung in der Heizperiode 1996/97 gemessene Heizenergieverbrauch liegt bei 38 MWh/a bzw. 93 kWh/m²a. Gegenüber den Messwerten vor der Sanierung von 78,4 MWh/a bzw. 192 kWh/m²a bedeutet dies eine

Reduzierung von 52 %. Der berechnete Heizenergiebedarf für den Zustand nach der Sanierung liegt bei 60 kWh/m^{2}a.

Kosten

Die Ermittlung der Sanierungskosten, Energiesparkosten sowie Vollkosten und Mietkosten, zusammengestellt in Tabelle 2, erfolgte gemäß Ziffer 14.
Die vorausberechneten Kosten für die Sanierung und die entsprechende Umlegung auf den Mietpreis können aus Tabelle 2 entnommen werden.
Unter Berücksichtigung der berechneten Heizenergieeinsparung erhöht sich die Warmmiete um 0,75 €/(m^2 × Monat). Die finanzielle Förderung belief sich auf 15.000 €, was einem Anteil an den Energieeinsparkosten von 35 % entspricht. Daher konnte die Erhöhung der Warmmiete auf 0,40 €/(m^2 × Monat) reduziert werden.

Bauteil	Sanierungskosten	Energieeinsparkosten	Vollkosten	Umlage	Kaltmietenveränderung	Heizenergieeinsparung	Heizenergieeinsparung	Warmmietenveränderung
	€	€	€	%	€/m² mth.	kWh/a	%	€/m² mth.
Wand	37.500	37.500	75.000	50	0,85	64.900	51	0,45
Fenster	28.850	5.100	33.950	66	0,50	27.000	21	0,34
DG-Ausbau	0	0	0	0	0,00	7.500	6	-0,04
Summe	66.350	42.600	108.950	–	1,35	99.400	78	0,75
							Mit Förderung	0,40

Tabelle 2: Übersicht über Kosten und resultierende Mietpreiserhöhungen für das Mehrfamilienhaus in Hannover-Linden

Kritische Bewertung

Die Arbeiten im Dachbereich verliefen so zügig, dass Abdichtungs- und Dämmarbeiten nicht optimal kontrolliert werden konnten. Arbeitserschwerend war die Tatsache, dass das Gebäude während der Sanierung bewohnt war. Deshalb war das Einbringen einer Fußbodendämmung zum Kellerbereich vom Erdgeschoss aus nicht möglich. Diese Maßnahme muss nun Zug um Zug bei Mieterwechsel durchgeführt werden. Trotzdem kann als positives Fazit gezogen werden, dass die mutige Entscheidung des Bauherrn, eine tiefgreifende Veränderung des äußeren Erscheinungsbilds des Gebäudes durchzuführen, trotz anfänglicher Bedenken Außenstehender auf gute Resonanz gestoßen ist.

Literatur

[1] *Stadtwerke Hannover AG:* THERMIE-ALTBAU – Dokumentation der Modellprojekte (Oktober 1997); Umfassende Mobilisierung von CO_2-Reduktionspotentialen im Wohnungsgebäudebestand durch optimierte energetische Altbausanierung.

16. Sanierung eines Mehrfamilienhauses in Hannover-Linden, Von Alten Allee

Einleitung

Das 1957 errichtete Haus steht als Mehrfamilien-Reihenendhaus in der Von-Alten-Allee in Hannover-Linden. Anlass für die Teilnahme am THERMIE-ALTBAU - Sanierungsprogramm der Stadt Hannover waren die anstehende Modernisierung der Gasetagenheizungen und die geplante Erneuerung der Fassade. Die Sanierungsarbeiten begannen im Dezember 1995 und endeten im September 1996. Aus Kostengründen erfolgte die Modernisierung der Heizungen erst im Anschluss an das THERMIE-ALTBAU Programm [1].

Bild 1: Ansicht des Gebäudes nach Beendigung der Sanierungsarbeiten

Lage des Gebäudes

Das Gebäude wurde 1957 in der Von-Alten-Allee 14 in Hannover-Linden erstellt. Hannover kann gemäß DIN V 4108, Teil 6, der TRY-Region 2 (Hannover) zugeordnet werden.

Zustand vor der Sanierung

Gebäude

Das Mehrfamilien-Reihenendhaus beinhaltet insgesamt 7 Wohneinheiten und drei Geschosse. Das anrechenbare Luftvolumen beläuft sich auf 1.086 m³ und die beheizte Nutzfläche wurde zu 438 m^2 ermittelt. Das Dach war zur Hälfte ausgebaut und teilbeheizt. Die Außenwand bestand aus einschaligem verputzten Mauerwerk (Dicke 24 cm), der Dachboden und die Kellerdecke aus Hohlsteinen, wobei im Dachboden zusätzlich Steinwolle verarbeitet wurde. Die Fenster hatten eine Isolierverglasung.

Bild 2: Ansicht des Gebäudes vor der Sanierung

Heizsystem

Die Wohnungen waren zwischen 1965 und 1971 mit Gasheizthermen oder Gasdurchlaufwasserheizern ausgestattet worden. Inzwischen sind die Geräte erneuerungsbedürftig. Es kamen vorwiegend Radiatoren zum Einsatz. Im Dachgeschoss wurden Flachheizkörper verwendet.

Energieverbrauch vor der Sanierung

Der gemessene Heizenergieverbrauch vor der Modernisierung lag bei 88,7 MWh/a bzw. 203 kWh/m^2a. Der rechnerisch ermittelte Verbrauch lag bei diesem Gebäude mit 71 MWh/a bzw. 162 kWh/m^2a etwas unter dem tatsächlichen Ergebnis. Ein Grund hierfür könnte ein erhöhtes Komfortbedürfnis der Mieter bei der Raumlufttemperatur sein.

Sowieso-Maßnahmen

Folgende Modernisierungen waren vom Eigentümer sowieso geplant worden:

- Erneuerung der Außenfassade inklusive Anbringen einer 8 cm dicken Wärmedämmung
- Modernisierung des Heizsystems

Beschreibung der energetischen Verbesserungsmaßnahmen

Durch die im Rahmen des THERMIE-ALTBAU Programms von der Stadt Hannover gewährten Zuschüsse wurde der Hauseigentümer zu einem umfassenden Maßnahmenpaket bewegt. Folgende Punkte kamen dabei zur Ausführung:

- Dämmung der Außenwand mit einer 12 cm dicken Thermohaut aus Polystyrol (WLG 040). Dabei musste im Bereich der Giebelwand der Ortgang zur Abdeckung des Wärmedämmverbundsystems verlängert werden
- Dämmung der Keller- und Garagendecke mit 6 cm dicken Hartschaumplatten
- Dämmung der obersten Geschossdecke mit 16 cm dicken Hartschaumplatten und Herstellung eines begehbaren Bodens aus 2 cm dicken Spanplatten, um die bisherige Nutzung als Trockenboden beizubehalten
- Verdopplung der vorhandenen Spitzbodendämmung im ausgebauten Bereich des Dachgeschosses von 8 auf 16 cm dicke Mineralwolleplatten
- Die isolierverglasten Fenster wurden nicht durch wärmeschutzverglaste ersetzt

Da das Heizleitungssystem als Einrohrheizsystem eingebaut worden war, stellte sich eine Zentralisierung als nicht wirtschaftlich lösbar heraus. Aus diesem Grund erfolgte die Modernisierung der Heizung im Anschluss an das Programm durch eine schrittweise Erneuerung der Gasetagenheizungen. Durch die gebäudetechnischen Sanierungsmaßnahmen konnte eine Verbesserung der Wärmedurchgangskoeffizienten der entsprechenden Bauteile laut folgender Tabelle 1 erreicht werden.

Bauteil	Wärmedurchgangskoeffizient [W/m²K]	
	Vor der Sanierung	Nach der Sanierung
Außenwand	1,70	0,28
Kellerdecke	1,12	0,49
Dachboden	1,12	0,25
Spitzboden	0,54	0,20

Tabelle 1: Übersicht über die Wärmedurchgangskoeffizienten vor und nach der Sanierung des Mehrfamilienhauses in Hannover-Linden, Von Alten Allee

Energieeinsparung

Durch die vorgenommenen Sanierungsarbeiten konnte der Heizenergieverbrauch in der Heizperiode 1996/97 auf 54,6 MWh/a bzw. 125 kWh/m²a verringert werden. Dies ist gleichbedeutend mit einer Einsparung von 38 %. Die durch die Simulationsrechnung prognostizierten Werte von 30,6 MWh/a bzw. 70 kWh/m²a und eine dementsprechende Reduzierung des Heizenergieverbrauchs um 57 % nach der Sanierung konnte nicht erreicht werden. Dies ist u. a.

auf verbliebene Schwachstellen wie die Wärmebrückenwirkung im Sockelbereich oder bei den Balkonen und die fehlende Dämmung der Fensterleibungen zurückzuführen.

Kosten

Die Ermittlung der in Tabelle 2 zusammengestellten Sanierungskosten, Energiesparkosten sowie Vollkosten und Mietkosten erfolgte gemäß Ziffer 14.

Bauteil	Sanierungs-kosten	Energieeinspar-kosten	Vollkosten	Umlage	Kaltmieten-veränderung	Heizenergie-einsparung	Heizenergie-einsparung	Warmmieten-veränderung
	€	€	€	%	€/m² mth.	kWh/a	%	€/m² mth.
Wand	19.300	19.300	38.600	50	0,40	29.100	41	0,24
Fenster	0	2.800	2.800	100	0,06	3.600	5	0,04
DG-Ausbau	0	5.000	5.000	100	0,11	7.800	11	0,06
Summe	19.300	27.100	46.400	–	0,57	40.500	57	0,34
							Mit Förderung	0,13

Tabelle 2: Zusammenstellung der Kosten und der entsprechenden Mieteffekte

Die Sanierung wurde mit 10.000 € unterstützt. Dies entspricht einem Anteil an den Energiesparkosten von 37 %. Dadurch war es möglich, die Warmmietenerhöhung auf 0,13 €/(m^2 × Monat) zu reduzieren.

Kritische Bewertung

Bei dem Gebäude konnte die laut Simulationsrechnung mögliche Einsparung von 57 % nicht erreicht werden. Gründe dafür sind vor allem die nach der Sanierung verbliebenen Schwachstellen in der Gebäudehülle und das erhöhte Komfortbedürfnis der Mieter bezüglich der Raumlufttemperaturen oder andere durch das Bewohnerverhalten hervorgerufene zusätzliche Heizenergieverbräuche (z. B. durch übermäßig langes Lüften). Bei den Schwachstellen sind vor allem der aus ästhetischen Gesichtspunkten ungedämmt gebliebene Sockelbereich und die aus Montagegründen nicht optimal ausgeführte Dämmung der Fenster im Leibungsbereich zu nennen, die nun durch ihre Wärmebrückenwirkung zu erheblichen Energieverlusten führen.

Literatur

[1] *Stadtwerke Hannover AG:* THERMIE-ALTBAU – Dokumentation der Modellprojekte (Oktober 1997); Umfassende Mobilisierung von CO_2-Reduktionspotentialen im Wohnungsgebäudebestand durch optimierte energetische Altbausanierung.

17. Sanierung eines Mehrfamilienhauses in Hannover-Linden, Wittekindstraße

Einleitung

Das viergeschossige Gebäude wurde 1914 erstellt und befindet sich in unmittelbarer Nähe zu einem der schönsten Orte der Stadt. Der Umstand, dass die Straßenfassade des Gebäudes denkmalgeschützt ist, führte während der Sanierungsarbeiten im Rahmen des THERMIE-ALTBAU Programms (Zeitraum: Juli 1995–Oktober 1996) zu längeren Diskussionen. Es mussten sowohl die Interessen des Denkmalschutzes als auch die der Energieeinsparung berücksichtigt werden. [1].

Bild 1: Straßenfassade des Gebäudes nach Beendigung der Sanierungsarbeiten

Lage des Gebäudes

Das Gebäude wurde 1914 in der Wittekindstraße 8 in Hannover-Linden erstellt. Hannover kann gemäß DIN V 4108, Teil 6, der TRY-Region 2 (Hannover) zugeordnet werden.

Zustand vor der Sanierung

Gebäude

Das viergeschossige Mehrfamilien-Reihenhaus umfasst 6 Wohneinheiten mit einer beheizten Gesamtfläche von 680 m^2. Das anrechenbare Luftvolumen beläuft sich auf 2.244 m^3. Die Außenwände sind zum größten Teil aus einschaligem Sichtmauerwerk hergestellt worden. Lediglich die Straßenfassade und teilweise die Rückseite waren verputzt. Die Kellerdecke war aus Hohlsteinen gefertigt worden und die oberste Geschossdecke bestand aus einer Holzbalkenkonstruk-

Bild 2: Ansicht des Gebäudes vor der Sanierung

tion. Bei den Fenstern wurden sowohl Standardfenster als auch Kastenfenster mit Einfachverglasung oder Isolierverglasung verwendet.

Heizsystem

Zwischen den Jahren 1971 und 1989 gab es eine erste Modernisierung der Heizanlagen. Dabei wurden unterschiedliche dezentrale Arten von Systemen zur Heizung und Warmwasserbereitung installiert. Zum Einsatz kamen Kombithermen bzw. Gasetagenheizungen, Einzelraum- und Gasraumheizer. Es wurde ausschließlich Gas als Energiequelle verwendet.

Energieverbrauch vor der Sanierung

Vor der Sanierung konnte ein Heizenergieverbrauch von 112,5 MWh/a bzw. 165 kWh/m^{2}a ermittelt werden. Der berechnete Wert liegt bei 149,2 MWh/a bzw. 219 kWh/m^{2}a. Die Ursache für die Differenz liegt vermutlich am Bewohnerverhalten.

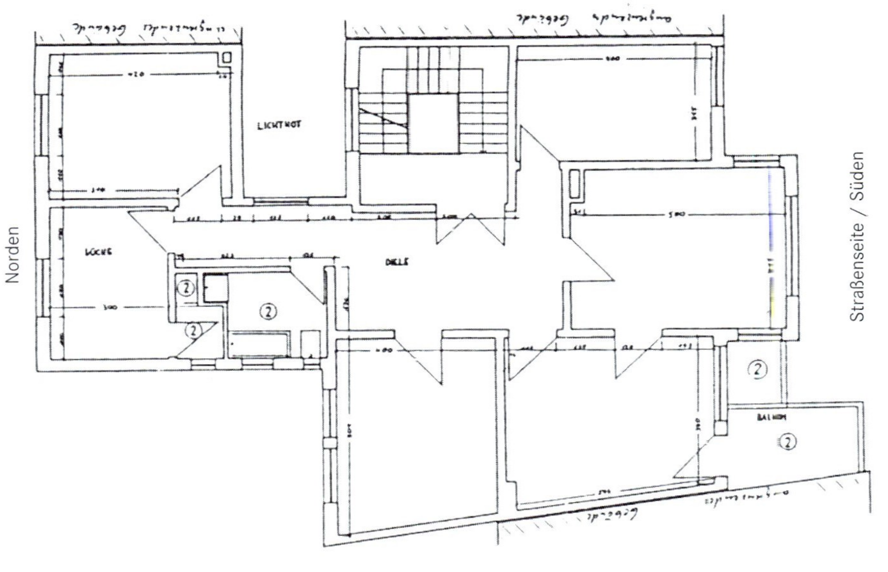

Bild 3: Grundriss des 1. Obergeschosses des Mehrfamilienhauses (Bauzeichnung)

Sowieso-Maßnahmen

Absehbare und von der Eigentümergemeinschaft sowieso bald durchzuführende Maßnahmen waren:

- Modernisierung der Heizungsanlagen und der Warmwasserbereitung
- Erneuerung der schadhaften Außenfassade

Beschreibung der energetischen Verbesserungsmaßnahmen

Nach längeren und ausgiebigen Diskussionen mit der Denkmalschutzbehörde kamen folgende Sanierungsarbeiten zum Einsatz:

- Dämmung der Außenwand in Teilbereichen des Hinterhofs auf der Rückseite des Gebäudes mit einer 12 cm dicken Thermohaut aus Polystyrol (WLG 040).
- Dämmung der Außenwand im Bereich des Lichthofes mit einer 6 cm dicken Thermohaut aus Polystyrol (WLG 040).
- Unterseitige Dämmung der Kellerdecke mit 6 cm dicken Hartschaumplatten.
- Herstellung eines Trockenbodens mittels Schüttdämmung (16 bis 20 cm) zwischen den Bohlen und Einbau von begehbaren Dielen.
- Ersetzen von einfachverglasten Balkontüren durch Wärmeschutzglas. Ebenso wurde bei den Kastenfenstern eine Scheibe durch Wärmeschutzglas ersetzt.
- Zentralisierung des Heizsystems und Anschluss an das Fernwärmenetz. Dadurch konnte der Jahresnutzungsgrad der Heizungsanlage von 74 % auf 92 % erhöht werden.

Laut Bauordnung und aus Gründen des Denkmalschutzes musste die ungedämmt verputzte Straßenfassade in ihrem Ursprung erhalten bleiben. In Tabelle 1 sind die Wärmedurchgangskoeffizienten der Hüllflächenbauteile vor und nach der Sanierung zusammengestellt.

Tabelle 1: Zusammenstellung der Wärmedurchgangskoeffizienten verschiedener Bauteile des Gebäudes vor und nach der Sanierung

Bauteil	Wärmedurchgangskoeffizient [W/m²K]	
	Vor der Sanierung	Nach der Sanierung
Außenwand, Rückseite	1,70	0,28
Außenwand, Lichthof	1,60	0,58
Kellerdecke	1,07	0,54
Oberste Geschossdecke	0,95	0,20
Fenster, Balkontüren	5,2	1,6
Kastenfenster	3,8	1,3

Energieeinsparung

Nach den Sanierungsmaßnahmen wurden die Heizenergieverbräuche aufgezeichnet und bewertet. Es ergab sich ein Verbrauchswert von 58,3 MWh/a bzw. 86 kWh/m^{2}a. Dieser ist nahezu identisch mit dem prognostizierten Wert von 59,9 MWh/a bzw. 88 kWh/m^{2}a. Die auf die Messwerte bezogene Energieeinsparung beträgt 48 % und die auf die Rechenwerte bezogene 60 %. Der Grund liegt am berechneten hohen Bedarf für den Ist-Zustand.

Kosten

Die Ermittlung der in Tabelle 2 zusammengestellten Sanierungskosten, Energiesparkosten sowie Vollkosten und Mietkosten erfolgte gemäß Ziffer 14.

Durch die finanzielle Förderung der Verbesserungsmaßnahmen in Höhe von 15.750 € konnten 40 % der Energiesparkosten abgedeckt werden. Aus diesem Grund ließ sich die Erhöhung der Warmmiete auf 0,39 €/(m^2 × Monat) beschränken.

Bauteil	Sanierungs-kosten	Energieeinspar-kosten	Vollkosten	Umlage	Kaltmieten-veränderung	Heizenergie-einsparung	Heizenergie-einsparung	Warmmieten-veränderung
	€	€	€	%	€/m² mth.	kWh/a	%	€/m² mth.
Außenwand	22.750	22.750	45.500	50	0,31	39.100	26	0,16
Keller	0	2.650	2.650	100	0,04	2.600	2	0,03
Dach	0	5.700	5.700	100	0,08	7.200	5	0,05
Fenster	31.250	5.500	36.750	66	0,33	18.600	12	0,26
Heizung/WW	25.050	2.500	27.550	50	0,17	21.900	15	0,13
Summe	79.050	39.100	118.150	–	0,93	89.400	60	0,63
Mit Förderung								0,39

Tabelle 2: Übersicht über Kosten, Heizenergieeinsparung und Mieteffekte

Kritische Bewertung

Der Bauablauf bei diesem Projekt gestaltete sich als problematisch und langwierig. Er war geprägt von intensiven Gesprächen zwischen Bauherren und Bauordnungsamt, die das Ziel hatten, die entsprechenden Ausführungsvarianten mit dem Denkmalschutz in Einklang zu bringen. Mehrere Vorhaben konnten aus unterschiedlichen Gründen nicht realisiert werden. Die Verglasung des Lichthofes wäre im Vergleich zum erzielten Dämmeffekt zu kostenaufwendig gewesen. Für Solarkollektoren zur Brauchwassererwärmung gab es keine Baugenehmigung. Ebenso wurde aus brandschutztechnischen Gründen ein Dachausbau abgelehnt. Dadurch konnte eine geplante kontrollierte Lüftungsanlage nicht eingesetzt werden.

Literatur

[1] *Stadtwerke Hannover AG:* THERMIE-ALTBAU – Dokumentation der Modellprojekte (Oktober 1997); Umfassende Mobilisierung von CO_2-Reduktionspotentialen im Wohnungsgebäudebestand durch optimierte energetische Altbausanierung.

18. Sanierung eines Mehrfamilienwohnhauses in Hannover-Mitte, Kestnerstraße

Einleitung

Das Gebäude wurde 1900 errichtet und steht in einem Hinterhof in unmittelbarer Nähe zur Bundesbahntrasse Hannover – Kassel, was die Wohnqualität etwas beeinträchtigt. Da das Haus in allgemein schlechtem Zustand war und das Dach ausgebaut werden sollte, entschloss sich der Eigentümer zur Modernisierung im Rahmen des THERMIE-ALTBAU Programms der Stadt Hannover [1].

Lage des Gebäudes

Das 1900 erbaute Haus steht in der Kestnerstraße 32 A in Hannover-Mitte. Hannover kann gemäß DIN V 4108, Teil 6, der TRY-Region 2 (Hannover) zugeordnet werden.

Bild 1: Ansicht des Gebäudes nach Beendigung der Sanierungsarbeiten

Zustand vor der Sanierung

Gebäude

Das dreigeschossige Mehrfamilien-Reihenendhaus umfasst insgesamt 6 Wohneinheiten und eine beheizte Nutzfläche von 340 m². Es konnte ein anrechenbares Luftvolumen von 1.122 m³ ermittelt werden. Das 50 cm dicke Mauerwerk des Mehrfamilienhauses wies erhebliche Schäden in der Verfugung auf und sowohl die Giebelwand als auch die Eingangsseite hatten durch Bombenschäden hervorgerufene Risse. Die Kellerdecke war als Kappendecke realisiert worden und die oberste Geschossdecke erwies sich als Holzbalkendecke. Der Flachdachbereich auf der Rückseite des Gebäudes war ebenfalls als Holzkonstruktion ausgeführt worden. Die Fenster hatten teilweise noch Einfachverglasung.

Heizsystem

Zwischen 1971 und 1991 wurden die Wohnungen mit Gas-Kombithermen ausgestattet. Die Versorgung mit Heizwärme und Warmwasser erfolgte demnach dezentral und wohnungsweise getrennt.

Bild 2: Ansicht des Mehrfamilienhauses vor der Sanierung

Energieverbrauch vor der Sanierung

Der vor der Sanierung gemessene Heizenergieverbrauchswert von 64,6 MWh/a bzw. 190 kWh/m^{2}a unterscheidet sich erheblich von dem rechnerischen Bedarf von 95,8 MWh/a bzw. 282 kWh/m^{2}a.

Sowieso-Maßnahmen

Vom Eigentümer sowieso geplante Sanierungsarbeiten waren:

- Ausbau des Daches zu einer Penthouse-Wohnung
- Sanierung der Außenfassade
- Teilweise Fenstererneuerung

Beschreibung der energetischen Verbesserungsmaßnahmen

Die Bauarbeiten wurden von einem Architekturbüro im Auftrag des Eigentümers betreut. Dabei kamen folgende Sanierungsmaßnahmen zur Durchführung:

- Dämmung der Außenwand mit einem 12 cm dicken Wärmedämmverbundsystem aus Polystyrol (WLG 040). Im Bereich der Balkone wurde die Wärmedämmung aus Platzgründen auf 6 cm reduziert.
- Dämmung der Decke im Bereich Hofdurchfahrt mit 12 cm dicken Hartschaumplatten.
- Dämmung der Kellerdecke mit unterseitig angebrachten 6 cm dicken Hartschaumplatten.
- Anbringen einer 6 cm dicken Innendämmung im Flachdachbereich.
- Dämmung der obersten Geschossdecke mit 16 cm dicken Mineralwollebahnen, da ein geplanter Dachgeschossausbau aus brandschutzrechtlichen Gründen nicht genehmigt worden war.
- Austausch einfachverglaster Fenster gegen Fenster mit Wärmeschutzverglasung.

Die oben aufgeführten Sanierungsarbeiten führten zur Verbesserung der Wärmedurchgangskoeffizienten gemäß Tabelle 1.

Tabelle 1: Zusammenstellung der Wärmedurchgangskoeffizienten der berücksichtigten Bauteile vor und nach der Sanierung des Mehrfamilienhauses

Bauteil	Wärmedurchgangskoeffizient [W/m^{2}K]	
	Vor der Sanierung	Nach der Sanierung
Außenwand	1,34	0,28
Außenwand, Balkonbereich	1,34	0,59
Decke, Hofdurchfahrt	1,20	0,28
Kellerdecke	1,07	0,54
Flachdach	0,70	0,33
Oberste Geschossdecke	0,95	0,20
Fenster	5,2	1,6

Das System der dezentralen Heizung und Warmwasserbereitung bleibt weiterhin bestehen. Defekte oder erneuerungsbedürftige Geräte werden bei Bedarf ausgetauscht. Damit liegt der Jahresnutzungsgrad der Heizungsanlage weiterhin bei maximal 85 %.

Energieeinsparung

Der im Messzeitraum Juni 1996 bis Mai 1997 ermittelte Heizenergieverbrauch von 39,4 MWh/a bzw. 116 kWh/m²a ist mit dem prognostizierten Wert von 40,4 MWh/a bzw. 119 kWh/m²a nahezu identisch. Die anhand der gemessenen Heizenergieverbräuche ermittelte Einsparung beträgt 39 %. Die mit den Bedarfswerten ermittelte Einsparung liegt infolge des höheren Bedarfs im Ist-Zustand bei 58 %.

Kosten

Die Ermittlung der in Tabelle 2 zusammengestellten Sanierungskosten, Energiesparkosten sowie Vollkosten und Mietkosten erfolgte gemäß Ziffer 14.

Bauteil	Sanierungskosten	Energieeinsparkosten	Vollkosten	Umlage	Kaltmietenveränderung	Heizenergieeinsparung	Heizenergieeinsparung	Warmmietenveränderung
	€	€	€	%	€/m² mth.	kWh/a	%	€/m² mth.
Außenwand	33.000	33.000	6.600	51	0,90	41.100	43	0,60
Keller	0	2.150	2.150	100	0,06	2.200	2	0,04
Dach	0	5.400	5.400	100	0,15	10.100	10	0,07
Fenster	2.400	400	2.800	66	0,05	2.000	2	0,04
Summe	35.400	40.950	76.350	–	1,16	55.400	57	0,75
							Mit Förderung	0,37

Tabelle 2: Übersicht über die Kosten der Sanierungsmaßnahmen und die sich daraus ergebenden Mietpreiserhöhungen

Der Förderungsanteil lag bei 14.000 €. Damit konnten 34 % der Energiesparkosten gedeckt werden und die Erhöhung der Warmmiete zur Amortisierung der Investitionskosten ließ sich dadurch auf 0,37 €/(m²×Monat) halbieren.

Kritische Bewertung

Die von einem Architekturbüro im Auftrag des Eigentümers betreute Baumaßnahme verlief ausführungstechnisch völlig unproblematisch. Dies wurde gewährleistet durch eine intensive Planung der Gesamtgestaltung des Gebäudes hinsichtlich architektonischer und energietechnischer Bedürfnisse. Leider stießen die Arbeiten bei den Bewohnern während der Bauphase durch die Lärm- und Staubbelästigung auf negative Resonanz. Der vom Eigentümer geplante

Dachausbau konnte aus brandschutzrechtlichen Gründen nicht zur Ausführung kommen und die mittels Betonkragplatten hergestellten Balkone sind aus wirtschaftlicher Sicht nicht energetisch sinnvoll zu modernisieren.

Literatur

[1] *Stadtwerke Hannover AG:* THERMIE-ALTBAU – Dokumentation der Modellprojekte (Oktober 1997); Umfassende Mobilisierung von CO_2-Reduktionspotentialen im Wohnungsgebäudebestand durch optimierte energetische Altbausanierung.

19. Sanierung eines Mehrfamilienhauses in Hannover-Herrenhausen, Schaumburgstraße

Einleitung

Das im Jahre 1900 errichtete Gebäude steht als Endhaus in einem Ensemble aus Fachwerkgebäuden. Vor der Sanierung befand sich das Haus in einem schlechten Allgemeinzustand. An der Rückfassade blätterte der Putz ab und die einfachverglasten Fenster waren undicht. Nach den von Februar bis Juni 1995 durchgeführten Sanierungsmaßnahmen, die im Rahmen eines Förderprogramms stattfanden, wurden die Ergebnisse zusammengetragen, bewertet und beurteilt [1].

Bild 1: Ansicht des Gebäudes nach Beendigung der Sanierungsarbeiten

Lage des Gebäudes

Das Gebäude steht in der Schaumburgstraße 4 in Hannover-Herrenhausen. Hannover kann gemäß DIN V 4108, Teil 6, der TRY-Region 2 (Hannover) zugeordnet werden.

Zustand vor der Sanierung

Gebäude

Das Mehrfamilienhaus umfasst insgesamt vier Geschosse und beinhaltet acht Wohneinheiten, die zusammen eine beheizte Fläche von 415 m^2 aufweisen. Das anrechenbare Luftvolumen beträgt 1.245 m^3. Durch das Fachwerk bildet die Außenfassade zur Straße hin einen markanten Bestandteil des Gebäudes, der unbedingt zu erhalten ist. Das Dach war zur Hälfte ausgebaut, teilbeheizt und nur unzureichend gedämmt worden. Im Keller befanden sich Abstellräume, die unbeheizt waren. Die Außenwände bestanden zum größten Teil aus einschaligem verputzten Mauerwerk. Lediglich die Straßenfassade wurde im Fachwerkstil erstellt. Besonders die Rückfassade des Gebäudes befand sich in einem schlechten Zustand (Abblättern des Putzes). Bei den Fenstern kam sowohl Einfachverglasung als auch Isolierverglasung zum Einsatz. Besonders die einfachverglasten Fenster waren undicht und hatten einen entsprechend hohen Wärmeverlust zu verzeichnen.

Bild 2: Ansicht des Gebäudes vor der Sanierung

Heizsystem

Die Heizungs- und Warmwasserversorgung der acht Wohneinheiten in diesem Mehrfamilienhaus erfolgte dezentral auf unterschiedlichste Weise. Fünf Wohnungen waren mit Gas-Kombithermen ausgestattet, eine Wohnung hatte einen Gas-Außenwandofen, eine wurde durch einen Kohleofen mit Heizenergie versorgt und eine Wohnung besaß eine Gas-Heiztherme.

Energieverbrauch vor der Sanierung

Durch die unterschiedlichen Arten von Heizsystemen und wegen fehlender Daten gestaltete sich eine genaue Verbrauchsermittlung vor der Sanierung als undurchführbar. Deshalb musste ein rechnerisch ermittelter Bedarfswert von 143,6 MWh/a bzw. 346 kWh/m^{2}a als Ausgangszustand zugrunde gelegt werden. Der Jahresnutzungsgrad der Heizung und der Warmwasserbereitung wurde hierbei mit 74 % angenommen.

Sowieso-Maßnahmen

Vom Eigentümer sowieso geplante Maßnahmen waren:

- Ausbau des Dachgeschosses
- Erneuerung der Außenfassade
- Anbau einer Dachterrasse
- Ersetzen der einfachverglasten Fenster

Beschreibung der energetischen Verbesserungsmaßnahmen

Im Zuge der Sanierung dieses Mehrfamilienhauses wurden folgende Arbeiten zur energiesparenden Modernisierung durchgeführt:

- Dämmung des größten Teils der Außenfassade inklusive Sockel mit einem 12 cm dicken Wärmedämmverbundsystem aus Polystyrol. Die aus Fachwerk bestehende Straßenfassade wurde von innen mit einer 6 bis 8 cm dicken Mineralwolledämmung versehen.
- Austausch der einfachverglasten und der veralteten isolierverglasten Fenster gegen Fenster mit Wärmeschutzverglasung.
- Oberseitige Dämmung der Kellerdecke mit 4 cm dicken Hartschaumplatten.
- Dämmung der Dachschräge mit 20 cm dicken Mineralwollerollen zwischen und unterhalb der Sparren.
- Vollständiger Ausbau des Dachgeschosses.
- Einbau von Gas-Kombithermen in drei Wohnungen.

Die Wärmedurchgangskoeffizienten der entsprechenden Bauteile konnten durch die oben aufgeführten Sanierungsmaßnahmen wesentlich verbessert

werden. In Tabelle 1 sind die Wärmedurchgangskoeffizienten der Hüllflächenbauteile vor und nach der Sanierung angegeben.
Die dezentrale Heizung und Warmwasserbereitung wurde beibehalten. Lediglich die drei Wohneinheiten ohne Gas-Kombi-Therme wurden auf diese Technik umgestellt, so dass nach der Sanierung alle Wohneinheiten mit Gas-Kombithermen ausgestattet waren.

Tabelle 1: Zusammenstellung der Wärmedurchgangskoeffizienten des Mehrfamilienhauses vor und nach der Sanierung

Bauteil	Wärmedurchgangskoeffizient [W/m²K]	
	Vor der Sanierung	Nach der Sanierung
Außenwand	1,60	0,28
Außenwand, Straße	1,60	0,55
Kellerdecke	1,22	0,65
Dachschräge	1,49	0,19
Fenster, einfachverglast	5,2	1,6
Fenster, isolierverglast	2,8	1,6

Energieeinsparung

Durch Messung der Verbrauchswerte während des Zeitraums Juni 1996 bis Mai 1997 konnte nach der Sanierung ein Energieverbrauch von 60,2 MWh/a bzw. 145 kWh/m^{2}a ermittelt werden. Dies entspricht einer Einsparung von 58 % gegenüber dem Ausgangszustand. Bei der Berechnung mit einem Bilanzierungsmodell ergaben sich Werte von 39,7 MWh/a bzw. 96 kWh/m^{2}a und eine damit verbundene prozentuale Einsparung von 72 %. Der Nutzungsgrad der Heizung und Warmwasserbereitung konnte durch die Umrüstung der drei Wohneinheiten auf Gas-Kombithermen auf 82 % erhöht werden.

Kosten

Die Ermittlung der in Tabelle 2 zusammengestellten Sanierungskosten, Energiesparkosten sowie Vollkosten und Mietkosten erfolgte gemäß Ziffer 14.

Der Dachausbau wird hierbei als Neubaumaßnahme angesehen und geht deshalb nicht in die Betrachtung mit ein. Durch die finanzielle Förderung der Sanierungsmaßnahme im Rahmen des THERMIE-ALTBAU Programms in Höhe von 17.750 € konnten 37 % der Energiesparkosten gedeckt werden. Dadurch ließ sich die Erhöhung der Warmmiete von 0,84 auf 0,44 €/(m^2× Monat) reduzieren.

Bauteil	Sanierungs-kosten	Energieeinspar-kosten	Vollkosten	Umlage	Kaltmieten-veränderung	Heizenergie-einsparung	Heizenergie-einsparung	Warmmieten-veränderung
	€	€	€	%	€/m² mth.	kWh/a	%	€/m² mth.
Außenwand	29.000	34.250	63.250	54	0,75	55.400	39	0,43
Keller	0	1.150	1.150	100	0,03	1.400	1	0,02
Dach	2.150	4.350	6.500	100	0,15	9.400	7	0,09
Fenster	26.200	4.600	30.800	66	0,45	19.000	13	0,33
Heizung/WW	3.750	3.750	7.500	50	0,08	9.100	6	0,03
DG-Ausbau	0	0	0	0	0	9.700	7	-0,06
Summe	61.100	48.100	109.200	–	1,46	104.000	73	0,84
							Mit Förderung	0,44

Tabelle 2: Übersicht über die Kosten der Sanierungsmaßnahme und der sich daraus ergebenden Mieteffekte

Kritische Bewertung

Eine Mieterbefragung gab Aufschluss über die Akzeptanz der durchgeführten Modernisierungsmaßnahmen. Bei den Mietern war dabei eine eher positive Haltung gegenüber der Gesamtmaßnahme zu erkennen. Mit der Abwicklung der Baumaßnahme waren sie jedoch nur eingeschränkt zufrieden. Eine Steigerung des Komforts wurde von den meisten Bewohnern wahrgenommen. Die mit der Sanierung verbundene Erhöhung der laufenden Kosten wurde von den Mietern eher als angemessen bezeichnet. Leider konnten die Dämmarbeiten im Bereich der Fachwerkfassade und der Kellerdecke nicht vollständig durchgeführt werden. Die verbliebenen Schwachstellen werden aber Zug um Zug bei Mieterwechsel oder sonstigen Leerständen beseitigt. Bei der Ausführung stellte sich die Luftdichtung im Dachbereich als nur schwer lösbare Aufgabe heraus, da Kehlbalken angearbeitet werden mussten und ein lückenloses Anbringen der Folie nicht überall möglich war. Durch eine gute Zusammenarbeit mit dem Eigentümer konnte eine zügige Bauabwicklung realisiert werden. Der Eigentümer arbeitet selbst als Architekt in der energiesparenden Altbaumodernisierung und konnte so einzelne Erfahrungen aus diesem Sanierungsprogramm bei anderen Gebäuden nutzen.

Literatur

[1] *Stadtwerke Hannover AG:* THERMIE-ALTBAU – Dokumentation der Modellprojekte (Oktober 1997); Umfassende Mobilisierung von CO_2-Reduktionspotentialen im Wohnungsgebäudebestand durch optimierte energetische Altbausanierung.

20. Sanierung eines 8-Familienhauses in Hannover-Nordstadt, Rehbockstraße

Einleitung

Das 1914 errichtete Gebäude steht im Zentrum der Nordstadt. Der Stadtteil ist durch gründerzeitliche Blockstruktur und zum Teil noch erhaltene Hinterhofbebauung gekennzeichnet. Das Gebäude befindet sich im Besitz einer Eigentümergemeinschaft. Gründe für die geplante Modernisierung des Gebäudes waren schlecht gedämmte Außenwände und Fenster. Im Rahmen des Förderprogramms THERMIE-ALTBAU wurden dann weitere Möglichkeiten der energiesparenden Altbausanierung verwirklicht [1].

Bild 1: Ansicht des Gebäudes nach Beendigung der Sanierungsarbeiten

Lage des Gebäudes

Das Haus befindet sich in der Rehbockstraße 3 in Hannover-Nordstadt. Hannover kann gemäß DIN V 4108, Teil 6, der TRY-Region 2 (Hannover) zugeordnet werden.

Zustand vor der Sanierung

Gebäude

Das 1914 erstellte Mehrfamilien-Reihenhaus umfasst $3\frac{1}{2}$ Geschosse. Die acht Wohneinheiten haben eine beheizte Gesamtfläche von 367 m^2 und ein anrechenbares Luftvolumen von 1.101 m^3. Die Außenwände bestanden aus 38 cm dickem verputztem Mauerwerk. Die Kellerdecke war aus Ortbeton mit aufliegendem Estrich hergestellt worden. Das oberste Geschoss wurde durch eine Holzbalkendecke abgeschlossen. Bei den Fenstern kamen Einfachverglasung und Kastenfenster mit Isolierverglasung zur Ausführung.

Bild 2. Ansicht des Mehrfamilienhauses vor Beginn der Sanierung

Heizsystem

Die Versorgung mit Heizenergie wurde bei sechs Wohneinheiten mit Gas sichergestellt. Davon waren vier Wohnungen an eine im Keller befindliche Gaszentrale angeschlossen. Im 3. Obergeschoss befand sich eine Kohleheizung und das Dachgeschoss war mit einem Strom-Direktheizgerät ausgestattet. Bei der Warmwasserbereitung kamen mehrere verschiedene Methoden zum Einsatz, die auch nach der Sanierung so beibehalten wurden.

Energieverbrauch vor der Sanierung

Bevor die Verbesserungsmaßnahmen durchgeführt wurden, wurde ein Heizenergieverbrauch von 156,1 MWh/a bzw. 425 kWh/m^{2}a gemessen.
Diese Werte liegen weit über den berechneten Bedarfswerten von 99,6 MWh/a bzw. 271 kWh/m^{2}a.

Sowieso-Maßnahmen

Von der Eigentümergemeinschaft waren folgende Arbeiten sowieso in Planung und wären ohnehin bald durchgeführt worden:

- Austausch der einfachverglasten Fenster
- Renovierung und Dämmung der Außenwände

Beschreibung der energetischen Verbesserungsmaßnahmen

Im Zuge der Sanierungsarbeiten, die im Juli und August 1995 stattfanden und das Ziel einer energiesparenden Altbaumodernisierung verfolgten, kamen folgende Maßnahmen zur Ausführung:

- Anbringen einer 12 cm dicken Thermohaut aus Polystyrol (WLG 040) an der Außenwand. Im Gaubenbereich kam eine Innendämmung mit 6 cm Polystyrol (WLG 040) zum Einsatz.
- Unterseitige Dämmung der Kellerdecke mit 6 cm dicken Hartschaumplatten
- Dämmung der obersten Geschossdecke mit einer 16 cm dicken zweilagig und fugenversetzt eingebauten Schicht aus Hartschaumplatten
- Austausch der einfachverglasten Fenster gegen Fenster mit Wärmeschutzverglasung
- Anbindung von drei weiteren Wohneinheiten an die zentrale Heizungsanlage

Durch diese gebäudetechnischen Verbesserungen konnten die Wärmedurchgangskoeffizienten entsprechend Tabelle 1 reduziert werden.

Tabelle 1: Zusammenstellung der Wärmedurchgangskoeffizienten der Hüllflächenbauteile vor und nach der Sanierung

Bauteil	Wärmedurchgangskoeffizient [W/m²K]	
	Vor der Sanierung	Nach der Sanierung
Außenwand	1,65	0,28
AW, Gaubenbereich	2,10	0,67
Oberste Geschossdecke	0,95	0,20
Fenster	5,2	1,6

Energieeinsparung

Der nach der Sanierung gemessene Verbrauch (Messzeitraum Juni 1996 bis Mai 1997) liegt bei 62,2 MWh/a bzw. 169 kWh/m²a und konnte damit den prognostizierten Wert von 49,1 MWh/a bzw. 134 kWh/m²a nicht erreichen. Allerdings kann aufgrund des großen Unterschiedes zwischen gemessenem und berechnetem Wert vor der Sanierung festgestellt werden, dass die tatsächliche prozentuale Einsparung mit 60 % höher ist als das rein rechnerische Einsparpotential von 51 %. Durch die oben erwähnte Anbindung drei weiterer Wohnungen an die Zentralheizung und den Austausch der Kohleheizung und des Strom-Direktheizgeräts gegen schadstoffreduzierte Gaseinzelraumheizer konnte der Jahresnutzungsgrad von 74 % auf 80 % verbessert werden.

Kosten

Die Ermittlung der Sanierungskosten, Energiesparkosten sowie Vollkosten und Mietkosten erfolgte gemäß Ziffer 14. Die Gesamtkosten des Sanierungsprojekts belaufen sich auf 57.100 €. Diese unterteilen sich in 36.200 € Sanierungskosten und 20.900 € Energiesparkosten. Durch die finanzielle Unterstützung im Rahmen des THERMIE-ALTBAU Programms in Höhe von 10.850 € konnten 52 % der Energiesparkosten gedeckt werden. Unter Voraussetzung dieser Ausgangsdaten wurde die Erhöhung der Kaltmiete zu 0,33 €/(m²×Monat) und der Warmmiete zu 0,49 €/(m²×Monat) ohne Förderung und zu 0,22 €/(m²×Monat) mit Förderung berechnet. Die durch die Sanierung hervorgerufene Heizenergieeinsparung bewirkte eine Heizkostenreduzierung von 0,34 €/(m²×Monat)

Kritische Bewertung

Durch nachbarschaftsrechtliche Probleme konnten nicht alle geplanten Verbesserungsmaßnahmen verwirklicht werden. So durfte z. B. auf der Außenwand des rückseitigen Anbaus keine Dämmung angebracht werden, weil der Anbau bereits auf der Grundstücksgrenze errichtet worden war. Trotz der Nachbarschaftsproblematik und kleinerer verbliebener Schwachstellen kann die Sanierung als positiv gewertet werden. Der Hausbesitzer hat die Arbeiten in Eigenregie koordiniert und gewonnene Erkenntnisse bei weiteren von ihm verwalteten Gebäuden berücksichtigt.

Literatur

[1] *Stadtwerke Hannover AG:* THERMIE-ALTBAU – Dokumentation der Modellprojekte (Oktober 1997); Umfassende Mobilisierung von CO_2-Reduktionspotentialen im Wohnungsgebäudebestand durch optimierte energetische Altbausanierung.

21. Sanierung eines Mehrfamilienwohnhauses in Hannover-Ricklingen, Bangemannweg

Einleitung

Das 1958 erstellte Gebäude wurde im Rahmen des THERMIE-ALTBAU Programms als eines von vielen Modellobjekten von August bis September 1996 saniert. Das Reihenhaus wies erhebliche Schäden an der Außenfassade auf (Putzrisse, Farbabblätterungen). Vor, während und nach der Sanierung wurden relevante Daten ermittelt, gemessen, ausgewertet und dokumentiert [1].

Bild 1: Ansicht des Mehrfamilienhauses nach Beendigung der Sanierungsarbeiten

Lage des Gebäudes

Das 1958 errichtete Haus steht im Bangemannweg 6 in Hannover-Ricklingen. Hannover kann gemäß DIN V 4108, Teil 6, der TRY-Region 2 (Hannover) zugeordnet werden.

Zustand vor der Sanierung

Gebäude

Das Mehrfamilien-Reihenendhaus umfasst $3\frac{1}{2}$ Geschosse und ein anrechenbares Luftvolumen von 1.200 m^3. Die fünf Wohneinheiten weisen eine beheizte

Gesamtfläche von 472 m^2 auf. Das Dach war teilweise ausgebaut. Die Außenwände bestehen aus einschaligem verputzten Mauerwerk mit einer Dicke von 38 cm. Sowohl Kellerdecke als auch oberste Geschossdecke wurden in Ortbetonbauweise mit Estrich hergestellt. Allerdings wurde auf der obersten Geschossdecke der Estrich schwimmend verlegt. Die Fenster hatten Isolier- und Einfachverglasung (Treppenhaus).

Heizsystem

Die Wohnungen sind mit Gas-Kombithermen und Gas-Heizkesseln ausgestattet, bei denen noch keine Erneuerung ansteht. Deshalb soll auf kurzfristige Sicht das System in der vorgefundenen Art erhalten bleiben. Bei den Wohnungen mit Gas-Heizkesseln erfolgt die Warmwasserbereitung über elektrische Durchlauferhitzer.

Bild 2. Ansicht des Gebäudes vor Beginn der Sanierungsarbeiten

Energieverbrauch vor der Sanierung

Die berechneten Bedarfswerte von 105,1 MWh/a bzw. 223 kWh/m^2a liegen etwas über den tatsächlich gemessenen Heizenergieverbrauchswerten von 93,4 MWh/a bzw. 198 kWh/m^2a im Ausgangszustand vor der Sanierung (siehe Tabelle 2). Der Jahresnutzungsgrad der Heizung und Warmwasserbereitung lag bei 75 %.

Sowieso-Maßnahmen

Die Renovierung und Sanierung der Außenfassade war vom Hausbesitzer aufgrund der entstandenen Bauschäden sowieso durchzuführen.

Beschreibung der energetischen Verbesserungsmaßnahmen

Nach eingehender Planung verschiedener Sanierungskonzepte kamen folgende Baumaßnahmen zur Ausführung:

- Anbringen eines 12 cm dicken Wärmedämmverbundsystems aus Polystyrol (WLG 040) an der Außenwand
- Unterseitige Dämmung der Kellerdecke mit 6 cm dicken Hartschaumplatten
- Dämmung des nicht ausgebauten Dachbereichs mit 18 cm dicken Hartschaumplatten
- Ersetzen der Fenster mit Isolierverglasung durch Fenster mit Wärmeschutzverglasung

In Tabelle 1 sind die Wärmedurchgangskoeffizienten vor und nach der Sanierung angegeben.

Tabelle 1: Zusammenstellung der Wärmedurchgangskoeffizienten des Gebäudes vor und nach der Sanierung

Bauteil	Wärmedurchgangskoeffizient [W/m²K]	
	Vor der Sanierung	Nach der Sanierung
Außenwand	1,60	0,28
Kellerdecke	1,06	0,53
Oberste Geschossdecke	1,40	0,19
Fenster	2,6	1,6

Beim Heizsystem wurden während dieser Sanierungsmaßnahme keine Veränderungen vorgenommen. Langfristig könnte sich jedoch eine Umstellung auf eine zentrale Heizungsversorgung über einen Kessel als lohnenswert erweisen.

Energieeinsparung

Nach Beendigung der Sanierungsarbeiten wurden im Messzeitraum Juni 1996 bis Mai 1997 die Verbrauchswerte ermittelt und bewertet. Nach Auswertung der Ergebnisse konnte eine prozentuale Einsparung beim Heizenergieverbrauch von 35 % nachgewiesen werden. Ein prognostizierter Wert von 42 % konnte nicht ganz erreicht werden. In Tabelle 2 sind alle relevanten Daten dargestellt.

Tabelle 2: Vergleich des Heizenergiebedarfs und des Heizenergieverbrauchs

	Berechneter Bedarf		Gemessener Verbrauch	
	MWh/a	kWh/m²a	MWh/a	kWh/m²a
Vor der Sanierung	105,1	223	93,4	198
Nach der Sanierung	61,4	130	60,8	129
Einsparung in %	42		35	

Kosten

Die Ermittlung der Sanierungskosten, Energiesparkosten sowie Vollkosten und Mietkosten erfolgte gemäß Ziffer 14.

Die bei diesem Projekt entstandenen Gesamtkosten beliefen sich auf 51.500 €. Davon waren 24.100 € Sanierungskosten und 27.400 € Energiesparkosten. Durch entsprechende Umlage der Kosten wurde eine Erhöhung der Kaltmiete in Höhe von 0,61 €/(m^2×Monat) kalkuliert. Die Heizkosten konnten durch die energetischen Verbesserungen um 0,23 €/(m^2×Monat) gesenkt werden. Eine berechnete Warmmietenerhöhung von 0,38 €/(m^2×Monat) konnte durch die finanzielle Förderung der Sanierung mit 10.000 € (36 % der Energiesparkosten) auf 0,18 €/(m^2×Monat) abgemindert werden.

Kritische Bewertung

Trotz anfänglicher nachbarschaftsrechtlicher Probleme mit der Grenzbebauung konnten die Baumaßnahmen ohne größere Schwierigkeiten ausgeführt werden. Eine nach der Sanierung durchgeführte Mieterbefragung zeigte eine hohe Gesamtzufriedenheit der Bewohner über die Modernisierung des Gebäudes und deren Abwicklung. Das äußere Erscheinungsbild des Hauses hat sich wesentlich verbessert und die Erhöhung der laufenden Kosten wurde von den Mietern als angemessen empfunden. Dem Wunsch des Eigentümers, eine Außendämmung aus Mineralwolle einzubauen, konnte aufgrund der Mehrkosten von ca. 30 €/m^2 Fassadenfläche aus wirtschaftlichen Gründen nicht nachgekommen werden.

Literatur

[1] *Stadtwerke Hannover AG:* THERMIE-ALTBAU – Dokumentation der Modellprojekte (Oktober 1997); Umfassende Mobilisierung von CO_2-Reduktionspotentialen im Wohnungsgebäudebestand durch optimierte energetische Altbausanierung.

22. Sanierung eines Mehrfamilienhauses in Hannover-Langenhagen, Taunusweg

Einleitung

Das Gebäude wurde 1957 mit einem Flachdach erstellt. Im Laufe der Jahre wurde es dann mit einem Satteldach ausgestattet. Ausschlaggebende Gründe für die angestrebte Modernisierung waren der Dachgeschossausbau und die Beseitigung von Bauschäden an der Außenfassade. Bei der im Rahmen eines Förderprogramms stattgefundenen Sanierung (Zeitraum: Januar bis Oktober 1995) wurden auch energetische Verbesserungsmaßnahmen ausgeführt, bewertet und dokumentiert [1].

Bild 1: Ansicht des Mehrfamilienhauses nach der Sanierung

Lage des Gebäudes

Das 1957 errichtete Gebäude befindet sich im Taunusweg 8 in Hannover-Langenhagen. Hannover kann gemäß DIN V 4108, Teil 6, der TRY-Region 2 (Hannover) zugeordnet werden.

Zustand vor der Sanierung

Gebäude

Das Mehrfamilien-Reihenhaus umfasst $3\frac{1}{2}$ Geschosse und ein anrechenbares Luftvolumen von 1.050 m^3. Die insgesamt sechs Wohneinheiten besitzen eine beheizte Gesamtfläche von 420 m². Die aus verputztem einschaligem Mauerwerk hergestellten Außenwände zeigten Farbabspülungen durch Regeneinwirkung. Die Kellerdecke und die oberste Geschossdecke wurden in Ortbetonbauweise erstellt. Nahezu alle Fenster hatten Isolierverglasung.

Heizsystem

Jede Wohnung war mit einer Gas-Kombi-Therme ausgestattet. Da die Kombithermen in gutem Zustand waren, bestand kein Anlass an dem vorgefundenen System Veränderungen vorzunehmen.

Bild 2: Ansicht des Gebäudes vor Beginn der Sanierungsarbeiten

Energieverbrauch vor der Sanierung

Vor den Sanierungsarbeiten lagen die berechneten Bedarfswerte bei 72,6 MWh/a bzw. 173 kWh/m²a und die gemessenen Verbrauchswerte bei 105,5 MWh/a bzw. 251 kWh/m²a. Die Gas-Kombithermen für die Heizung und Warmwasserbereitung hatten einen Jahresnutzungsgrad von 81 % zu verzeichnen.

Sowieso-Maßnahmen

Die vom Eigentümer sowieso geplanten Modernisierungen am Gebäude waren:

- Ausbau des Dachgeschosses
- Renovierung der Außenfassade

Beschreibung der energetischen Verbesserungsmaßnahmen

Bei dieser Sanierungsmaßnahme wurden folgende Arbeiten durchgeführt:

- Anbringen einer 12 cm dicken Thermohaut aus Polystyrol (WLG 040) an den Außenwänden
- Unterseitige Dämmung der Kellerdecke mit 6 cm dicken Hartschaumplatten

Der Ausbau des Dachgeschosses wird als Neubau gewertet und geht damit nicht in die Betrachtung im Rahmen des THERMIE-ALTBAU Programms ein. Trotzdem bewirkt der Dachausbau eine Reduzierung der Wärmeverluste des übrigen Gebäudes (Puffereffekt). Für das Dachgeschoss wurden zusätzlich zwei neue Gas-Brennwert-Kombithermen installiert. Durch die oben erwähnten Modernisierungsarbeiten konnte eine Verbesserung der Wärmedurchgangskoeffizienten gemäß Tabelle 1 ermittelt werden.

Tabelle 1: Zusammenstellung der Wärmedurchgangskoeffizienten des Gebäudes vor und nach der Sanierung

Bauteil	Wärmedurchgangskoeffizient [W/m²K]	
	Vor der Sanierung	Nach der Sanierung
Außenwand	1,60	0,28
Kellerdecke	1,12	0,53

Energieeinsparung

Durch die im Zeitraum Juni 1996 bis Mai 1997 vorgenommenen Messungen und Untersuchungen nach Beendigung der Sanierung konnte ein prozentualer Energieverbrauchsrückgang von 46 % ermittelt werden. Die prognostizierte Einsparung von 57 % wurde jedoch nicht erreicht. In Tabelle 2 sind die Werte vor und nach der Sanierung angegeben.

Tabelle 2: Vergleich des Heizenergiebedarfs und des Heizenergieverbrauchs vor und nach der Sanierung

	Berechneter Bedarf		Gemessener Verbrauch	
	MWh/a	kWh/m²a	MWh/a	kWh/m²a
Vor der Sanierung	72,6	173	105,5	251
Nach der Sanierung	31,1	74	57,0	136
Einsparung in %	57		46	

Kosten

Die Gesamtkosten der Modernisierungsmaßnahme von 43.000 € teilen sich auf in 20.150 € Sanierungskosten und 22.850 € Energiesparkosten. Von den Energiesparkosten wurden 53 % durch die finanzielle Unterstützung im Rahmen des Förderprogramms in Höhe von 12.000 € abgedeckt. Die Sanierung zog entsprechende Mieteffekte nach sich. Die Umlegung der Sanierungskosten entsprechend Ziffer 14 ergab eine Erhöhung der Kaltmiete um 0,50 €/(m^2×Monat). Durch die künftige Einsparung von Heizenergie verringern sich die Heizkosten um 0,24 €/(m^2×Monat). Dadurch ergibt sich eine Warmmietenerhöhung von 0,26 €/(m^2×Monat). Die Berücksichtigung der Förderung von 12.000 € führt dazu, dass sich die Warmmiete nicht erhöht.

Kritische Bewertung

Die große Differenz zwischen gemessenem und rechnerischem Energieverbrauch vor der Sanierung lässt vermuten, dass bei den Mietern ein erhöhtes Komfortbedürfnis bezüglich des Raumklimas (höhere Raumlufttemperatur) vorherrscht und/oder ein zu häufiges und zu langes tägliches Fensterlüften die Regel ist, obwohl die Mieter nach eigener Einschätzung sparsam mit der Heizenergie umgehen und durchschnittlich dreimal täglich die Fenster zum Lüften geöffnet halten.

Literatur

[1] *Stadtwerke Hannover AG:* THERMIE-ALTBAU – Dokumentation der Modellprojekte (Oktober 1997); Umfassende Mobilisierung von CO_2-Reduktionspotentialen im Wohnungsgebäudebestand durch optimierte energetische Altbausanierung.

23. Sanierung eines Mehrfamilienhauses in Hannover-Sahlkamp, Hägewiesen

Einleitung

Das 1960 erstellte Gebäude ist eines von mehreren Reihenhausblöcken in der Wohnanlage des sozialen Wohnungsbaus Hägewiesen. Im Rahmen umfangreich anstehender Modernisierungsmaßnahmen hat die Deutsche BauBeCon AG als Eigentümerin beschlossen, in der gesamten Wohnanlage unterschiedliche umweltschonende Systeme zur Energieeinsparung einzusetzen. Die Sanierung dieses Gebäudes wurde durch das THERMIE-ALTBAU Programm gefördert und vor, während und nach der Sanierung dokumentiert und bewertet [1].

Bild 1: Ansicht des Reihenhauses nach Beendigung der Sanierungsarbeiten

Lage des Gebäudes

Das Mehrfamilien-Reihenhaus wurde 1960 errichtet und befindet sich in dem Wohnpark Hägewiesen 118, 118a, 118b in Hannover-Sahlkamp. Hannover kann gemäß DIN V 4108, Teil 6, der TRY-Region 2 (Hannover) zugeordnet werden.

Zustand vor der Sanierung

Gebäude

Der Mehrfamilien-Reihenhausblock ist unterteilt in drei Hausbereiche mit einer beheizten Gesamtnutzfläche von 686 m^2. Die auf zwei Geschosse verteilten

12 Wohneinheiten haben zusammen ein anrechenbares Luftvolumen von 1.715 m³. Die Außenwände bestehen aus verputztem Mauerwerk. Decken und Balkonauskragungen wurden in Ortbetonbauweise hergestellt. Die mit Isolierverglasung ausgestatteten Fenster waren nicht erneuerungsbedürftig und wurden deshalb nicht ausgetauscht.

Heizsystem

Die Wohnungen des Reihenhauses wurden vor der Sanierung durch unterschiedliche Systeme dezentral mit Heizenergie und Warmwasser versorgt. Zum Einsatz kamen u. a. Kombithermen, Nachtspeicheröfen und Gas-Außenwandöfen. Einige Bereiche wurden gar nicht beheizt.

Bild 2: Ansicht des Gebäudes vor der Sanierung

Energieverbrauch vor der Sanierung

Heizenergieverbrauchswerte für den Zeitraum vor der Sanierungsmaßnahme lagen nicht vor. Deshalb musste ein berechneter Bedarf von 151,2 MWh/a bzw. 220 kWh/m²a für den Ausgangszustand zugrunde gelegt werden.

Sowieso-Maßnahmen

Sowieso geplante Arbeiten waren:

- Renovierung der Außenfassade
- Modernisierung der Heizungsanlagen und der Warmwasserbereitung

Beschreibung der energetischen Verbesserungsmaßnahmen

Im Zuge der Sanierung, die von Juni 1995 bis Mai 1996 durchgeführt wurde, kamen folgende Maßnahmen zur energetischen Verbesserung des Gebäudes zum Einsatz:

- Anbringen einer 12 cm dicken Thermohaut aus Polystyrol (WLG 040) an der Außenwand. Wegen des geringeren Platzverlustes wurden im Bereich der Balkone die Außenwände nur mit einer 6 cm dicken Wärmedämmung aus Polystyrol (WLG 040) versehen
- Unterseitige Dämmung der Kellerdecke mit 4 cm dicken Hartschaumplatten (030) aufgrund der geringen Stehhöhe
- Dämmung der obersten Geschossdecke mit 8 cm dickem Dämmstoff der Wärmeleitfähigkeit 030. Auch hier war die mangelnde Stehhöhe zum Träger der Grund für die Wahl einer geringeren Dämmstoffdicke
- Zentralisierung der Heizung und Warmwasserbereitung mit Gas-Brennwerttechnik und Solarkollektoren. Besonders erwähnenswert ist die Installation einer Solaranlage zur Brauchwassererwärmung über ein Aufdach mit 23,4 m^2 Absorberfläche und einem Pufferspeicher von 1.800 Litern (siehe Bild 3)

In Tabelle 1 sind die Wärmedurchgangskoeffizienten vor und nach der Sanierung angegeben.

Tabelle 1: Zusammenstellung der Wärmedurchgangskoeffizienten des Reihenhauses vor und nach der Sanierung

Bauteil	Wärmedurchgangskoeffizient [W/m²K]	
	Vor der Sanierung	Nach der Sanierung
Außenwand	1,70	0,28
Außenwand, Balkon	1,70	0,48
Kellerdecke	0,90	0,53
Oberste Geschossdecke	0,95	0,20

Durch die Zentralisierung des Heizsystems konnte der Jahresnutzungsgrad von 75 % auf 92 % erhöht werden.

Energieeinsparung

Nach der Sanierung wurden in der Heizperiode 1996/97 (Juni 1996 bis Mai 1997) die Verbrauchswerte gemessen und mit den berechneten Werten verglichen (siehe Tabelle 2). Es zeigte sich, dass die prognostizierte prozentuale Einsparung von 61 % nicht erreicht werden konnte. Die tatsächliche Einsparung belief sich lediglich auf 37 %. Allerdings bezieht sich diese Angabe auf die berechneten Bedarfswerte vor der Sanierung.

Bild 3. Ansicht des Reihenhauses mit Darstellung der Solarkollektoren zur Brauchwassererwärmung

Tabelle 2: Vergleich der tatsächlichen und der vorausberechneten Verbrauchswerte vor und nach der Sanierung

	Berechneter Bedarf		Gemessener Verbrauch	
	MWh/a	kWh/m²a	MWh/a	kWh/m²a
Vor der Sanierung	151,2	220	151,2*	220*
Nach der Sanierung	58,7	86	94,5	138
Einsparung in %	61		37	

** Berechneter Wert, da kein Messwert vorliegt.*

Kosten

Die Gesamtkosten der Sanierungsmaßnahme in Höhe von 103.050 € teilen sich in Sanierungs- und Energiesparkosten auf. Der Sanierungskostenanteil beträgt 50.400 € und der Energiesparkostenanteil beläuft sich auf 53.150 €, wobei 22.500 € (42 %) davon im Rahmen der finanziellen Förderung übernommen wurden. Die Ermittlung dieser Kosten erfolgte gemäß Ziffer 14. Durch die Umlegung der Kosten auf die Mieten kam es zu folgenden Veränderungen. Die Kaltmiete erhöhte sich um 0,78 €/(m²×Monat). Durch die energetischen Verbesserungen konnten die Heizkosten jedoch um 0,34 €/(m²×Monat) reduziert werden. Dies bedeutet, dass sich die Warmmiete um 0,44 €/(m²×Monat) erhöht. Bei Berücksichtigung der finanziellen Förderung reduziert sich der Betrag auf 0,15 €/(m²×Monat).

Kritische Bewertung

Die ins Gebäude integrierten Balkone sowie die nicht gedämmten Balkonböden verbleiben weiterhin als Schwachstellen.
Eine wesentliche Rolle neben der energetischen Sanierung der Hüllfläche spielte bei diesem Vorhaben auch die Beurteilung der Brennwertdachheizzentrale und die integrierte solar unterstützte Warmwasserbereitung. Solche Maßnahmen lassen sich nur bewerkstelligen, wenn beim Eigentümer des Gebäudes genügend Eigeninteresse, Fachwissen, Investitionsbereitschaft und eine gewisse Offenheit gegenüber neuen Möglichkeiten vorhanden ist. Durch die nahezu tägliche Überwachung der Arbeiten konnte eine sorgfältige Ausführung in der Bauteilfläche und den Anschlüssen erreicht werden. Die Deutsche BauBeCon AG als Eigentümerin des Gebäudes zeigte sich bereit, bei einer positiven Entwicklung des Sanierungskonzepts eventuell weitere Gebäude energetisch zu optimieren.

Literatur

[1] *Stadtwerke Hannover AG:* THERMIE-ALTBAU – Dokumentation der Modellprojekte (Oktober 1997); Umfassende Mobilisierung von CO_2-Reduktionspotentialen im Wohnungsgebäudebestand durch optimierte energetische Altbausanierung.

24. Sanierung eines Mehrfamilienhauses in Hannover-Linden, Fössestraße

Einleitung

Das Gebäude wurde 1900 erstellt und war durch den mit dem Baualter einhergehenden Verfall zum Zeitpunkt vor der Sanierung nicht mehr nutzbar. Das Sanierungskonzept beinhaltete deshalb eine umfassende Umgestaltung und Renovierung der Räume und der sanitären Einrichtungen. Außerdem wurden verschiedene Maßnahmen zur energetischen Verbesserung des Gebäudes durchgeführt, messtechnisch erfasst, dokumentiert und bewertet [1].

Bild 1: Ansicht des Mehrfamilienhauses nach Beendigung der Sanierungsarbeiten

Lage des Gebäudes

Das 1900 errichtete Mehrfamilienhaus befindet sich in der Fössestraße 47 in Hannover-Linden Nord. Hannover kann gemäß DIN V 4108, Teil 6, der TRY-Region 2 (Hannover) zugeordnet werden.

Zustand vor der Sanierung

Gebäude

Die 8 Wohneinheiten des Gebäudes beinhalten insgesamt eine beheizte Nutzfläche von 412 m^2. Die über $3\frac{1}{2}$ Geschosse verteilten Wohnungen haben ein anrechenbares Luftvolumen von 1.220 m^3. Der größte Teil der Außenwand bestand aus schadhaftem Sichtmauerwerk. Die Gaubenseitenwände auf der Rückseite des Gebäudes waren in Fachwerkbauweise erstellt worden. Zur Straße hin hatte das Haus im unteren Bereich eine Betonwabenfassade. Die Kellerdecke war in Ortbetonbauweise als Kappendecke ausgeführt worden. Beim Dachboden wurden Holzbalken mit Lehmschlag verwendet und die Dachschräge hatte eine Sparschalung mit auf Schilfrohrträgern angebrachtem Putz. Die Fenster hatten alle noch Einfachverglasung.

Bild 2: Ansicht des Gebäudes vor der Sanierung

Heizsystem

Vor der Sanierung wurden zur Heizenergieversorgung Gas-Etagenheizungen und teilweise auch Nachtspeicheröfen verwendet. Die Warmwasserbereitung erfolgte getrennt und dezentral in den einzelnen Wohneinheiten selbst.

Energieverbrauch vor der Sanierung

Aufgrund fehlender Verbrauchswerte für den Zustand vor der Sanierung wurde ein mit einem Bilanzierungsmodell ermittelter rechnerischer Bedarf von 130,9 MWh/a bzw. 318 kWh/m^2a auch für den tatsächlich gemessenen Verbrauch zugrunde gelegt (siehe Tabelle 2).

Sowieso-Maßnahmen

Zu den sowieso durchzuführenden Sanierungsarbeiten gehörten:

- Renovierung der Außenfassade
- Austausch der Fenster
- Modernisierung der Heizungsanlage

Beschreibung der energetischen Verbesserungsmaßnahmen

Im Rahmen der Sanierung, die von Juli bis November 1995 durchgeführt wurde, kamen folgende Verbesserungsmaßnahmen zum Einsatz:

- Anbringen einer 12 cm dicken Thermohaut aus Polystyrol (WLG 040) an einem Großteil der Außenwand. Bei den Gaubenseitenwänden wurde eine 12 cm dicke Faserdämmung innen angebracht
- Anbringen einer Innendämmung im Bereich der Betonwabenfassade in Richtung Straße. Dabei kamen 6 cm dicke Glasfaserplatten in vorgesetzten Leichtbauprofilen zum Einsatz
- Dämmung der Kellerdecke mit von oben angebrachten begehbaren Hartschaumplatten (Dicke 6 cm), die unterhalb des Estrichs eingebaut wurden
- Dämmung des Dachbodens durch Einbau von 18 cm dicker Faserdämmung zwischen den Sparren und anschließender Verschalung, um die oberste Geschossdecke begehbar zu machen
- Dämmung der Dachschrägen mit einer 20 cm dicken Mineralwolleschicht.
- Austausch der einfach verglasten Fenster durch Fenster mit Wärmeschutzverglasung (k-Wert: 1,6 W/m^2K)
- Zentralisierung der Heizung und Warmwasserbereitung mit Gas-Brennwerttechnik

In Tabelle 1 sind die Wärmedurchgangskoeffizienten der Hüllflächenbauteile vor und nach der Sanierung zusammengestellt.

Tabelle 1: Zusammenstellung der Wärmedurchgangskoeffizienten des Gebäudes vor und nach der Sanierung

Bauteil	Wärmedurchgangskoeffizient [W/m²K]	
	Vor der Sanierung	Nach der Sanierung
Außenwand	1,50	0,28
Gaubenseitenwände	1,90	0,30
Außenwand zur Straße	1,50	0,59
Kellerdecke	1,07	0,20
Dachboden	0,95	0,20
Dachschräge	1,70	0,23
Fenster	5,2	1,6

Durch die Zentralisierung der Heizenergieerzeugung und Warmwasserbereitung unter Verwendung modernster Gas-Brennwerttechnik konnte der Jahresnutzungsgrad von 74 % auf 94 % verbessert werden.

Energieeinsparung

Die Heizenergieverbrauchswerte wurden nach der Sanierung zwischen Juni 1996 und Mai 1997 messtechnisch erfasst. Durch Vergleich mit dem Ausgangszustand vor der Sanierung ergaben sich die in Tabelle 2 dargestellten Einsparungen.

Tabelle 2: Vergleich des Heizenergiebedarfs und des Heizenergieverbrauchs vor und nach der Sanierung

	Berechneter Bedarf		Gemessener Verbrauch	
	MWh/a	kWh/m²a	MWh/a	kWh/m²a
Vor der Sanierung	130,9	318	130,9*	318*
Nach der Sanierung	26,5	64	52,5	127
Einsparung in %	80		60	

** Berechneter Wert, da kein Messwert vorliegt.*

Kosten

Die Sanierungskosten dieses Projekts lagen bei 65.700 € und die Energiesparkosten bei 40.300 €. Damit ergaben sich Gesamtkosten in Höhe von 106.050 €. Durch die finanzielle Förderung der Sanierungsmaßnahme in Höhe von 15.500 € konnten 38 % der Energiesparkosten gedeckt werden. Die Kostenumlage auf die Mieten zog folgende Effekte nach sich: Die Umlegung der Sanierungskosten entsprechend Ziffer 14 ergab eine Erhöhung der Kaltmiete um 1,45 €/(m^2 × Monat). Durch die künftige Einsparung von Heizenergie verringern sich die Heizkosten um 0,63 €/(m^2 × Monat). Dadurch ergibt sich eine Warmmietenerhöhung von 0,82 €/(m^2 × Monat). Die Berücksichtigung der Förderung von 15.500 € führt dazu, dass sich die Warmmietenerhöhung auf 0,47 €/(m^2 × Monat) reduziert.

Kritische Bewertung

Das Gebäudekonzept beinhaltete eine umfassende Umgestaltung der Gruppenräume und sanitären Einrichtungen, um das Modellvorhaben „Jugendwohnen im Stadtteil“ zu fördern. Die Ausführung und Planung der Baumaßnahme wurde von einem von der Eigentümerin beauftragten Architekturbüro übernommen. Eine Verzögerung des Zeitplanes musste in Kauf genommen werden, da sich das Gebälk des Dachstuhls als nicht mehr tragfähig erwies und deshalb ein Mehraufwand an Zeit und Kosten nötig war.

Literatur

[1] *Stadtwerke Hannover AG:* THERMIE-ALTBAU – Dokumentation der Modellprojekte (Oktober 1997); Umfassende Mobilisierung von CO_2-Reduktionspotentialen im Wohnungsgebäudebestand durch optimierte energetische Altbausanierung.

25. Sanierung eines Mehrfamilienhauses in Hannover-Misburg, Hartmannstraße

Einleitung

Das 1953 errichtete Mehrfamilien-Doppelhaus sollte auf den neuesten Stand der Bautechnik gebracht werden. Durch die Teilnahme am Förderprogramm THERMIE-ALTBAU konnten insbesondere energetische Verbesserungen durchgeführt werden. Die Sanierung des Gebäudes begann im September 1995 und endete im Dezember 1996. Die sich daraus ergebenden Energieeinspareffekte wurden messtechnisch erfasst und dokumentiert [1].

Bild 1: Ansicht des Gebäudes nach Beendigung der Sanierungsarbeiten

Lage des Gebäudes

Das Mehrfamilien-Doppelhaus befindet sich in der Hartmannstraße 4/6 in Hannover-Misburg. Hannover kann gemäß DIN V 4108, Teil 6, der TRY-Region 2 (Hannover) zugeordnet werden.

Zustand vor der Sanierung

Gebäude

Das $2\frac{1}{2}$-geschossige Mehrfamilienhaus wurde 1953 erbaut und hat ein anrechenbares Luftvolumen von 1.940 m^3. Die insgesamt 11 Wohneinheiten beinhal-

Bild 2: Ansicht des Mehrfamilienhauses vor der Sanierung

ten eine beheizte Nutzfläche von 732 m^2. Die Wetterseite des Gebäudes ist bereits mit einer 6 cm dicken Thermohaut gedämmt worden. Die restlichen Außerwände waren ungedämmt und bestanden aus einschaligem verputztem Mauerwerk. Die Gaubenwände im Dachbereich bestanden aus einer schlecht gedämmten Holzkonstruktion mit 2 bis 4 cm dicken Faserplatten. Die oberste Geschossdecke war in Ortbetonbauweise hergestellt worden. Der größte Teil der Fenster hatte bereits Isolierverglasung und wurde im Zuge der Sanierung nicht erneuert.

Heizsystem

Bereits im Jahre 1993 wurde das Gebäude mit einem zentralen Niedertemperatur-Gasheizkessel ausgestattet. Die Warmwasserbereitung wurde mit Gasthermen bewerkstelligt. Aufgrund dieser Gegebenheiten wurde auf eine Modernisierung der Heizung/Warmwasserbereitung im Zuge der Sanierung verzichtet.

Energieverbrauch vor der Sanierung

Der gemessene Energieverbrauch vor der Sanierung lag mit 137,4 MWh/a bzw. 188 kWh/m^2a etwas über dem rechnerisch ermittelten Bedarfswert von 120,9 MWh/a bzw. 165 kWh/m^2a. In Tabelle 2 sind die Werte zusammengestellt. Der Jahresnutzungsgrad des Gas-Heizkessels lag bei 86 %.

Sowieso-Maßnahmen

Zu von der Eigentümerin sowieso geplanten Sanierungsarbeiten werden in [1] keine Angaben gemacht.

Beschreibung der energetischen Verbesserungsmaßnahmen

Durch den guten bautechnischen Ausgangszustand des Gebäudes beschränkten sich die energetischen Sanierungsmaßnahmen auf folgende wärmedämmtechnische Arbeiten:

- Anbringen einer Thermohaut aus 12 cm dickem Polystyrol (WLG 040) an Bereichen der Außenwand, die nicht zur Wetterseite gehören.
- Dämmung der obersten Geschossdecke mit 8 cm dicken Polystyrolplatten (WLG 035), die auf dem Trockenboden verlegt wurden. Darauf wurden Holzhartfaserplatten zur Gewährleistung der Begehbarkeit verlegt. Die geringe Dämmschichtdicke von 8 cm kam aufgrund der geringen Stehhöhe von 2,00 m bis zum Kehlbalken zum Einsatz.
- Dämmung der Gaubenwände mit 10 cm dicker Mineralwolledämmung.

Tabelle 1: Zusammenstellung der Wärmedurchgangskoeffizienten des Gebäudes vor und nach der Sanierung

Bauteil	Wärmedurchgangskoeffizient [W/m²K]	
	Vor der Sanierung	Nach der Sanierung
Außenwand	1,60	0,28
Oberste Geschossdecke	1,10	0,39
Gaubenwände	1,80	0,35

Energieeinsparung

Die aus den energetischen Verbesserungsmaßnahmen resultierenden Einspareffekte konnten über eine messtechnische Erfassung der Verbrauchswerte (Messzeitraum Juni 1996 bis Mai 1997) ermittelt werden. In Tabelle 2 sind die entsprechenden Ergebnisse zusammengefasst.

Tabelle 2: Vergleich der tatsächlichen mit den vorausberechneten Verbrauchswerten im Zustand vor und nach der Sanierung.

	Berechneter Bedarf		Gemessener Verbrauch	
	MWh/a	kWh/m²a	MWh/a	kWh/m²a
Vor der Sanierung	120,9	165	137,4	188
Nach der Sanierung	70,0	96	110,6	151
Einsparung in %	42		20	

Kosten

Die Gesamtkosten für die Sanierung dieses Gebäudes liegen bei 68.300 €. Davon sind 30.200 € Sanierungskosten und 38.100 € Energiesparkosten. Durch die finanzielle Förderung der Sanierung in Höhe von 14.000 € konnten 37 % der Energiesparkosten gedeckt werden. Die Ermittlung dieser Kosten erfolgte gemäß Ziffer 14. Durch die Umlegung der Kosten auf die Mieten kam es zu folgenden Veränderungen. Die Kaltmiete erhöhte sich um 0,51 €/(m^2 × Monat). Durch die energetischen Verbesserungen konnten die Heizkosten jedoch um 0,18 €/(m^2 × Monat) reduziert werden. Dies bedeutet, dass sich die Warmmiete um 0,33 €/(m^2 × Monat) erhöht. Bei Berücksichtigung der finanziellen Förderung reduziert sich der Betrag auf 0,16 €/(m^2 × Monat).

Kritische Bewertung

Durch eine Befragung der Mieter konnte festgestellt werden, dass eine Verbesserung des Wohnkomforts und mit der Sanierung einhergehende positive Effekte (z. B. schnellere Erwärmung der Wohnung) von den Bewohnern nicht wahrgenommen wurden. Die Veränderung bei den laufenden Kosten findet im allgemeinen weder Zustimmung noch Ablehnung. Die Gesamtzufriedenheit mit den Modernisierungsmaßnahmen wird von den Mietern als lediglich durchschnittlich bezeichnet. Allerdings zeigten sich die Mieter mit der Abwicklung der Baumaßnahme besonders zufrieden. Das äußere Erscheinungsbild des Hauses hat sich nach allgemeiner Meinung deutlich verbessert. Aus ausführungstechnischer Sicht lässt sich sagen, dass einige Schwachstellen nicht beseitigt werden konnten. So musste auf eine Dämmung der Kellerdecke aufgrund der geringen Stehhöhe verzichtet werden und die Dämmung der Fensterleibungen im Rollladenbereich erwies sich als technisch zu aufwendig und zu teuer. Ansonsten konnte die Thermohaut nahezu wärmebrückenfrei bis unter die Kellerdecke geführt werden.

Literatur

[1] *Stadtwerke Hannover AG:* THERMIE-ALTBAU – Dokumentation der Modellprojekte (Oktober 1997); Umfassende Mobilisierung von CO_2-Reduktionspotentialen im Wohnungsgebäudebestand durch optimierte energetische Altbausanierung.

26. Sanierung eines Mehrfamilienhauses in Hannover-Linden Süd, Wesselstraße

Einleitung

Das Mehrfamilien-Reihenendhaus wurde 1955 erbaut. Anlass für die Modernisierung war die mit Rissen behaftete Außenfassade des Gebäudes. Der Bauherr wollte im Zuge der optischen Erneuerung auch energiesparende Sanierungsmaßnahmen durchführen lassen. Dabei wurde er durch das THERMIE-ALTBAU Programm finanziell unterstützt [1].

Bild 1: Ansicht des Mehrfamilienhauses nach Beendigung der Sanierungsarbeiten

Lage des Gebäudes

Das Gebäude steht in der Wesselstraße 12 in Hannover-Linden Süd. Hannover kann gemäß DIN V 4108, Teil 6, der TRY-Region 2 (Hannover) zugeordnet werden.

Zustand vor der Sanierung

Gebäude

Das 1955 errichtete Mehrfamilienhaus umfasst insgesamt 11 Wohneinheiten, die über $3\frac{1}{2}$ Geschosse verteilt sind und eine beheizte Nutzfläche von 609 m^2 einnehmen. Das anrechenbare Luftvolumen beträgt 1.507 m^3. Die Außenwände bestanden aus einschaligem verputzten Mauerwerk, in dem deutlich Risse zu erkennen waren. Die Kellerdecke und die Decke über dem Hofdurchgang waren aus Ortbeton mit Estrich hergestellt worden. Die meisten Fenster waren isolierverglast. Nur die Fenster im Treppenhausbereich hatten Einfachverglasung. Die Wärmedurchgangskoeffizienten der erwähnten Gebäudeteile können Tabelle 1 entnommen werden.

Heizsystem

Für die Heizenergieerzeugung und Warmwasserbereitung wurden einheitlich im ganzen Haus Gas-Kombithermen verwendet. Dieses System blieb auch nach der Modernisierung erhalten.

Bild 2: Ansicht des Gebäudes vor der Sanierung

Energieverbrauch vor der Sanierung

Der berechnete Bedarf lag bei diesem Wohngebäude vor der Sanierung bei 88,9 MWh/a bzw. 146 kWh/m²a, während die Messungen einen Verbrauchswert von 109,1 MWh/a bzw. 179 kWh/m²a ergaben. In Tabelle 2 sind die Werte zusammengestellt. Der Nutzungsgrad der Gas-Kombithermen belief sich auf 82 %.

Sowieso-Maßnahmen

Durch das schadhafte Mauerwerk war die Renovierung der Außenfassade für den Eigentümer eine sowieso in nächster Zukunft durchzuführende Baumaßnahme.

Beschreibung der energetischen Verbesserungsmaßnahmen

Die Sanierung wurde im Zeitraum von Juli 1995 bis Dezember 1996 durchgeführt. Hauptbestandteil der Sanierungsarbeiten war die Verbesserung der Außenhülle. Im Rahmen des Sanierungskonzepts kamen folgende Baumaßnahmen zur Ausführung:

- Anbringen einer 12 cm dicken Thermohaut aus Polystyrol (WLG 040) an der Außenwand
- Dämmung der Kellerdecke mit 6 cm dicken Polystyrolplatten von unten
- Unterseitige Dämmung der Decke im Bereich des Hofdurchgangs mit 12 cm dicken Polystyrolplatten
- Austausch der einfach verglasten Fenster im Treppenhaus gegen Fenster mit Wärmeschutzverglasung (k-Wert: 1,6 W/m²K)

In Tabelle 1 sind die Wärmedurchgangskoeffizienten der Hüllflächenbauteile vor und nach der Sanierung zusammengestellt.

Tabelle 1: Zusammenstellung der Wärmedurchgangskoeffizienten des Mehrfamilienhauses vor und nach der Sanierung

Bauteil	Wärmedurchgangskoeffizient [W/m²K]	
	Vor der Sanierung	Nach der Sanierung
Außenwand	1,60	0,28
Decke, Hofdurchgang	1,02	0,28
Kellerdecke	1,10	0,58
Fenster, Treppenhaus	5,2	1,6

Energieeinsparung

Nach Beendigung der Sanierungsarbeiten wurden die Verbrauchswerte im Zeitraum Juni 1996 bis Mai 1997 messtechnisch erfasst und ausgewertet. Daraus ergab sich eine Energieeinsparung von 39 %. Die prognostizierte prozentuale Energieeinsparung von 50 % konnte nicht erreicht werden. Die berechneten Bedarfswerte und die gemessenen Verbrauchswerte sind in Tabelle 2 zusammengefasst.

Tabelle 2: Vergleich des Heizenergiebedarfs und des Heizenergieverbrauchs vor und nach der Sanierung

	Berechneter Bedarf		Gemessener Verbrauch	
	MWh/a	kWh/m²a	MWh/a	kWh/m²a
Vor der Sanierung	88,9	146	109,1	179
Nach der Sanierung	44,7	73	66,7	110
Einsparung in %	50		39	

Kosten

Bei der Sanierung dieses Gebäudes entstanden Gesamtkosten in Höhe von 59.300 €, aufgeteilt in 26.950 € Sanierungskosten und 32.350 € Energiesparkosten. Durch Fördergelder in Höhe von 11.000 € konnten 34 % der Energiesparkosten gedeckt werden. Die Ermittlung dieser Kosten erfolgte gemäß Ziffer 14. Durch die Umlegung der Kosten auf die Mieten kam es zu folgenden Veränderungen: Die Kaltmiete erhöhte sich um 0,50 €/(m^2 × Monat). Durch die energetischen Verbesserungen konnten die Heizkosten jedoch um 0,18 €/(m^2 × Monat) reduziert werden. Dies bedeutet, dass sich die Warmmiete um 0,32 €/(m^2 × Monat) erhöht. Bei Berücksichtigung der finanziellen Förderung reduziert sich der Betrag auf 0,15 €/(m^2 × Monat).

Kritische Bewertung

Aus ausführungstechnischer Sicht kann als Fazit gezogen werden, dass die Arbeiten an der Thermohaut durch das zu dicht an der Fassade stehende Gerüst behindert und nicht einwandfrei ausgeführt werden konnten. Außerdem wurde die Thermohaut teilweise in der kritisch kalten Winterperiode angebracht. Ungleichmäßigkeiten in der Außenhülle sind deutlich erkennbar und die Thermohaut ist verschmutzt. Die Wärmebrücken des Gebäudes (Sockel, Fensterleibung, Eingangsdach) konnten bis auf die ungedämmt verbliebenen Balkonfußböden weitestgehend reduziert werden. Die Mieter zeigten sich gegenüber der gesamten Modernisierungsmaßnahme weder unzufrieden noch zufrieden. Mit der Abwicklung der Baumaßnahme waren sie allerdings sehr zufrieden. Eine Wohnkomfortsteigerung nach der Sanierung wurde kaum wahrgenommen. Nach Einschätzung der Mieter hat sich zwar das äußere Erscheinungsbild des Gebäudes optisch verbessert, die Wohnungen selber sind aber nicht schöner geworden.

Literatur

[1] *Stadtwerke Hannover AG:* THERMIE-ALTBAU – Dokumentation der Modellprojekte (Oktober 1997); Umfassende Mobilisierung von CO_2-Reduktionspotentialen im Wohnungsgebäudebestand durch optimierte energetische Altbausanierung.

27. Sanierung eines Mehrfamilienhauses in Hannover-Mitte, Berliner Allee

Einleitung

Das Mehrfamilien-Reihenhaus wurde 1956 errichtet. Anlass für die Sanierung des Gebäudes war unter anderem der an einigen Stellen schadhaft gewordene Putz des Außenmauerwerks. Im Zuge der Gebäudeinstandhaltung legte der Eigentümer sehr großen Wert auf energiesparende und kostengünstige Lösungen. Die von Juni 1995 bis September 1996 andauernden Sanierungsmaßnahmen wurden im Rahmen von THERMIE-ALTBAU unterstützt und dokumentarisch begleitet [1].

Bild 1: Ansicht des Mehrfamilienhauses nach Beendigung der Sanierungsarbeiten

Lage des Gebäudes

Das 1956 erstellte Gebäude befindet sich in der Berliner Allee 55 in Hannover-Mitte. Hannover kann gemäß DIN V 4108, Teil 6, der TRY-Region 2 (Hannover) zugeordnet werden.

Zustand vor der Sanierung

Gebäude

Das Reihenhaus umfasst insgesamt $5\frac{1}{2}$ Geschosse und ein anrechenbares Luftvolumen von 2.100 m³. Die beheizte Nutzfläche des Gebäudes von 700 m² ist auf 11 Wohneinheiten verteilt. Die Außenwände bestanden aus einschaligem verputzten Mauerwerk. Kellerdecke, Trockenboden im Dachbereich und Balkonauskragungen wurden in Ortbetonbauweise hergestellt. Beim Trockenboden und der Kellerdecke wurde zusätzlich ein schwimmender Estrich aufgebracht. Der Spitzboden wurde als Holzbalkendecke mit 10 cm dicker Dämmschicht ausgeführt. Auch der Trockenboden war bereits vor der Sanierung mit einer 10 cm dicken Dämmschicht ausgestattet worden. Bei den Fenstern wurde auf eine Modernisierung verzichtet, da bereits Isolierverglasung verwendet worden war.

Bild 2: Ansicht des Mehrfamilienhauses vor der Sanierung

Heizsystem

Zur Heizwärmeerzeugung und Warmwasserbereitung waren die meisten Wohnungen mit Gas-Kombithermen ausgestattet. In zwei Wohneinheiten wurden Nachtspeicherheizungen verwendet. Alle Heizsysteme blieben auch nach der Sanierung erhalten und werden je nach Bedarf ausgetauscht.

Energieverbrauch vor der Sanierung

Bei der Messung der Verbrauchswerte stellte sich heraus, dass der gemessene Heizenergieverbrauch mit 98,9 MWh/a bzw. 141 kWh/m²a leicht unter dem berechneten Bedarf von 110,4 MWh/a bzw. 158 kWh/m²a liegt. In Tabelle 2 sind die berechneten und gemessenen Werte zusammengestellt. Die auch nach der

Sanierung beibehaltenen Heizungs- und Warmwasserbereitungsanlagen haben einen Jahresnutzungsgrad von 81 %.

Sowieso-Maßnahmen

Anlass der Modernisierung und daher vom Eigentümer geplante Sanierungsmaßnahme war die vollständige Erneuerung des schadhaften Außenputzes verbunden mit einer entsprechenden Dämmung der Außenwände.

Beschreibung der energetischen Verbesserungsmaßnahmen

Nach Abwägung der Wirtschaftlichkeit einzelner Sanierungsmöglichkeiten kamen folgende Verbesserungsmaßnahmen zur Ausführung:

- Anbringen einer Thermohaut aus 12 cm dickem Polystyrol (WLG 040) an der Außenwand. Im Bereich der Balkone wurde aus Platzgründen (Berücksichtigung von Stellmöglichkeiten) nur 6 cm dickes Polystyrol verwendet
- Dämmung der Kellerdecke von unten mit 6 cm dicken Polystyrolplatten
- Dämmung des Trockenbodens mit einer 18 cm dicken Hartschaumdämmung zusätzlich zu der bereits vorhandenen 10 cm dicken Dämmschicht. Um die Begehbarkeit zu gewährleisten wurden Holzhartfaserplatten eingebaut
- Zusätzliche Dämmung des Spitzbogens durch Ausrollen von 18 cm dicker Mineralwolle (nicht begehbar). Die ursprünglich vorhandene 10 cm dicke Dämmschicht bleibt erhalten

Durch die beschriebenen Sanierungsarbeiten veränderte sich der Wärmedurchgangskoeffizient der entsprechenden Gebäudeteile wie in Tabelle 1 aufgeführt.

Tabelle 1: Zusammenstellung der Wärmedurchgangskoeffizienten des Gebäudes vor und nach der Sanierung

Bauteil	Wärmedurchgangskoeffizient [W/m²K]	
	Vor der Sanierung	Nach der Sanierung
Außenwand	1,60	0,28
AW im Balkonbereich	1,60	0,58
Kellerdecke	1,19	0,43
Spitzboden	0,43	0,21
Trockenboden	1,10	0,19

Energieeinsparung

Durch Messung der Verbräuche von Juni 1996 bis Mai 1997 konnte nach der Sanierung eine Energieeinsparung von 35 % ermittelt werden. Die vorausberechnete Einsparung liegt bei 48 %. In Tabelle 2 sind die berechneten Bedarfs- und gemessenen Verbrauchswerte zusammengestellt.

Tabelle 2: Vergleich des Heizenergiebedarfs und des Heizenergieverbrauchs vor und nach der Sanierung

	Berechneter Bedarf		Gemessener Verbrauch	
	MWh/a	kWh/m²a	MWh/a	kWh/m²a
Vor der Sanierung	110,4	158	98,9	141
Nach der Sanierung	57,8	83	64,3	92
Einsparung in %	48		35	

Kosten

Die Gesamtkosten für die durchgeführten Verbesserungsmaßnahmen am Gebäude beliefen sich auf 70.350 €, aufgeteilt in 33.100 € Sanierungskosten und 37.300 € Energiesparkosten. Durch die finanzielle Unterstützung im Rahmen des Förderprogramms THERMIE-ALTBAU in Höhe von 14.000 €konnten 38 % der Energiesparkosten gedeckt werden. Durch die Umlegung der Kosten gemäß Ziffer 14 auf die Mieten kam es zu folgenden Veränderungen: Die Kaltmiete erhöhte sich um 0,49 €/(m²×Monat). Durch die energetischen Verbesserungen konnten die Heizkosten jedoch um 0,19 €/(m²×Monat) reduziert werden.
Dies bedeutet, dass sich die Warmmiete um 0,30 €/(m²×Monat) erhöht. Bei Berücksichtigung der finanziellen Förderung reduziert sich der Betrag auf 0,11 €/(m²×Monat).

Kritische Bewertung

Auch bei diesem Projekt erwiesen sich die in das Gebäude integrierten Balkone als thermische Schwachstelle. Die Beseitigung dieser Schwachstellen in Bezug auf die Wärmebrückenwirkung („Kühlrippen-Effekt") lässt sich aus Kostengründen dämmtechnisch nur sehr schwer durchführen.
Bei den Mietern konnte eine durchschnittliche Zufriedenheit mit den Modernisierungsmaßnahmen festgestellt werden. Mit der Abwicklung waren sie allerdings weniger zufrieden. Leider wurde eine Steigerung des Wohnkomforts bei den meisten Mietern nicht wahrgenommen. Ihr Heizverhalten wird von den Bewohnern als durchschnittlich bezeichnet, während sie ihr Lüftungsverhalten als eher häufig und intensiv einschätzen (mind. 4 mal täglich etwa 30 Minuten lang). Dies könnte auch ein Grund für das im Vergleich zur prognostizierten Einsparung (48 %) geringere Einsparpotential von 35 % sein.

Literatur

[1] *Stadtwerke Hannover AG:* THERMIE-ALTBAU – Dokumentation der Modellprojekte (Oktober 1997); Umfassende Mobilisierung von CO_2-Reduktionspotentialen im Wohnungsgebäudebestand durch optimierte energetische Altbausanierung.

28. Sanierung eines Mehrfamilienhauses in Hannover-Kleefeld, Hegelstraße

Einleitung

Das 1904 errichtete Gebäude steht mit den in der Nähe befindlichen Häusern unter Denkmalschutz. Anlass für Modernisierungsmaßnahmen war die durch Fenster und Rollladenkästen in das Gebäude eindringende Fassadenberankung (Efeu und Wein). Für die Sanierung wurde vom Eigentümer und den Stadtwerken Hannover gemeinsam ein Konzept entwickelt, um Möglichkeiten zum Energiesparen anzuwenden. Bei der Sanierung, die von September bis November 1996 durchgeführt wurde, mussten vor allem auch denkmalschutzrechtliche Belange berücksichtigt werden [1].

Bild 1: Ansicht des Mehrfamilienhauses nach Beendigung der Sanierungsarbeiten.

Lage des Gebäudes

Das Mehrfamilienhaus wurde 1904 in der Hegelstraße 15 in Hannover-Kleefeld erbaut. Hannover kann gemäß DIN V 4108, Teil 6, der TRY-Region 2 (Hannover) zugeordnet werden.

Bild 2. Ansicht des Gebäudes vor der Sanierung

Zustand vor der Sanierung

Gebäude

Das anrechenbare Luftvolumen des Mehrfamilien-Reihenhauses beläuft sich auf 1.290 m³. Die vier Wohneinheiten des Gebäudes sind auf 3½ Geschosse verteilt und besitzen eine beheizte Nutzfläche von 397 m². Die Außenwände bestehen aus verputztem Mauerwerk und teilweise aus Naturstein. Die Gaubenseitenwände waren bereits mit einer ca. 2 cm dicken Dämmschicht ausgestattet. Auch in der Dachschräge war eine 6 cm dicke Dämmschicht vorhanden. Die Kellerdecke war in Ortbetonbauweise als Kappendecke ausgeführt worden. Die Fenster hatten zum größten Teil Einfach- oder Isolierverglasung.

Heizsystem

Zur Heizenergieversorgung und Warmwasserbereitung wurde vor der Sanierung seit 1971 eine zentrale Öl-Heizungsanlage verwendet.

Energieverbrauch vor der Sanierung

Aufgrund fehlender Verbrauchsdaten zum Zeitpunkt vor der Sanierung musste der rechnerische Bedarf von 74,7 MWh/a bzw. 188 kWh/m²a auch als Verbrauch vor der Sanierung zugrunde gelegt werden. In Tabelle 2 sind die berechneten und gemessenen Werte zusammengestellt. Der Jahresnutzungsgrad der Öl-Zentralheizung lag bei 69 %.

Sowieso-Maßnahmen

Ausschlaggebend für die Entwicklung eines Sanierungskonzepts war die sowieso durchzuführende Beseitigung der ins Gebäude eindringenden Fassadenberankung und die Ausbesserung des Putzes.

Beschreibung der energetischen Verbesserungsmaßnahmen

Aus denkmalschutzrechtlichen Gründen konnten Dämmmaßnahmen an der Außenwand nicht durchgeführt werden. Da die Wohnungen bewohnt waren, konnte eine Innendämmung auch nicht vorgenommen werden. Deshalb kamen folgende Energiesparmaßnahmen zur Ausführung:

- Unterseitige Dämmung der Kellerdecke mit einer 6 cm dicken Dämmschicht aus Polystyrol
- Zusätzliche Dämmung der Dachschräge mit 12 cm dicken alukaschierten Polyurethanplatten (025), die als Aufsparrensystem aufgebracht wurden
- Austausch der einfachverglasten Fenster durch Fenster mit Wärmeschutzverglasung oder durch Kastenfenster mit Einfach- und Wärmeschutzverglasung
- Zusätzliche Dämmung der Gaubenseitenwände mit 10 cm dicken Polyurethanplatten (025).
- Umstellung des zentralen Heizsystems von Öl auf Gas-Brennwertkessel

Tabelle 1: Zusammenstellung der Wärmedurchgangskoeffizienten des Gebäudes vor und nach der Sanierung

Bauteil	Wärmedurchgangskoeffizient [W/m²K]	
	Vor der Sanierung	Nach der Sanierung
Kellerdecke	1,07	0,52
Dachschräge	0,55	0,22
Gaubenseitenwände	1,10	0,22
Fenster	5,2	1,6
Fenster, Kastenfenster	5,2	1,3

Energieeinsparung

Die messtechnische Auswertung des Heizenergieverbrauchs im Zeitraum von Juni 1996 bis Mai 1997 ergab eine Einsparung von 30 %. Als Verbrauch für den Zustand vor der Sanierung wird der berechnete Bedarf zugrunde gelegt. Das rechnerische Einsparpotential liegt bei 38 %. In Tabelle 2 sind die berechneten Bedarfs- und die gemessenen Verbrauchswerte zusammengestellt.
Durch die Umstellung des Heizungssystems von Öl auf Gas konnte der Jahresnutzungsgrad von 69 % auf 92 % erhöht werden.

Tabelle 2: Vergleich des Heizenergiebedarfs und des Heizenergieverbrauchs vor und nach der Sanierung

	Berechneter Bedarf		Gemessener Verbrauch	
	MWh/a	kWh/m²a	MWh/a	kWh/m²a
Vor der Sanierung	74,7	188	74,7*	188*
Nach der Sanierung	46,1	116	52,1	131
Einsparung in %	38		30	

* Berechneter Wert, da kein Messwert vorliegt.

Kosten

Die Gesamtkosten in Höhe von 34.950 € teilen sich auf in 24.650 € Sanierungskosten und 10.300 € Energiesparkosten. Bei den Sanierungskosten bilden der Fensteraustausch und die Heizungserneuerung den mit Abstand größten Anteil, während bei den Energiesparkosten die Dämmung des Dachbereichs im Vordergrund steht. Durch die finanzielle Förderung im Rahmen des THERMIE-ALTBAU Programms in Höhe von 10.000 € konnten 97 % der Energiesparkosten gedeckt werden. Durch die Umlegung der Kosten gemäß Ziffer 14 auf die Mieten kam es zu folgenden Veränderungen: Die Kaltmiete erhöhte sich um 0,56 €/(m^2×Monat). Durch die energetischen Verbesserungen konnten die Heizkosten jedoch um 0,18 €/(m^2×Monat) reduziert werden. Dies bedeutet, dass sich die Warmmiete um 0,38 €/(m^2×Monat) erhöht. Bei Berücksichtigung der finanziellen Förderung reduziert sich der Betrag auf 0,15 €/(m^2×Monat).

Kritische Bewertung

Aus ausführungstechnischer Sicht muss bemängelt werden, dass sich die Aufsparrendämmung nicht luftdicht gestalten ließ. Die oberhalb der Dämmung angebrachte verschweißte Teerpappe, die als Luftdichtungsebene fungieren sollte, wurde nicht bis an die Außenwände geführt. Außerdem konnte an den Außenwänden wie bereits erwähnt aus denkmalschutzrechtlichen oder anderen Gründen (bewohnte Räume) weder innen noch außen eine Wärmedämmung angebracht werden, was aus energetischer Sicht nicht zufriedenstellend ist.

Literatur

[1] *Stadtwerke Hannover AG:* THERMIE-ALTBAU – Dokumentation der Modellprojekte (Oktober 1997); Umfassende Mobilisierung von CO_2-Reduktionspotentialen im Wohnungsgebäudebestand durch optimierte energetische Altbausanierung.

29. Sanierung eines Mehrfamilienhauses in Hannover-Nordstadt, Heisenstraße

Einleitung

Das Gebäude wurde 1890 erbaut und befand sich in einem unzulänglich gedämmten Zustand. Anlass für die umfangreichen Modernisierungsmaßnahmen an dem von der Eigentümerin erst kurz vor der Aufnahme in das THERMIE-ALTBAU Programm erworbenen Haus war die Erweiterung des Dachausbaus. Die Sanierung fand im Zeitraum von September 1995 bis Oktober 1996 statt und wurde dokumentarisch begleitet. Entsprechende Verbrauchswerte wurden messtechnisch erfasst und bewertet [1].

Bild 1: Ansicht des Mehrfamilienhauses nach Beendigung der Sanierungsarbeiten

Lage des Gebäudes

Das 1890 erstellte Haus steht in der Heisenstraße 29 in Hannover-Nordstadt. Hannover kann gemäß DIN V 4108, Teil 6, der TRY-Region 2 (Hannover) zugeordnet werden.

Zustand vor der Sanierung

Gebäude

Das Mehrfamilienhaus umfasst ein anrechenbares Luftvolumen von 465 m^3. Auf $2\frac{1}{2}$ Geschossen verteilen sich 5 Wohneinheiten mit einer beheizten Gesamtnutzfläche von 171 m². Die Außenwände bestehen aus einschaligem verputzten Mauerwerk, die Dachschräge war nur schlecht oder gar nicht gedämmt. Alle Fenster hatten Isolierverglasung. In Tabelle 1 sind die Wärmedurchgangskoeffizienten der Hüllflächenbauteile vor der Sanierung angegeben. Luftdichtigkeitsmessungen am Gebäude mit Blower-Door ergaben Luftwechselzahlen von über 7,6 h^{-1}.

Heizsystem

Die Wohneinheiten wurden durch dezentrale Heizungsanlagen auf unterschiedliche Weise mit Heizwärme und Warmwasser versorgt. Drei Wohneinheiten besaßen Gas-Kombithermen und zwei andere Kohleöfen. Eine Wohnung wurde direkt mit Strom beheizt.

Bild 2: Ansicht des Mehrfamilienhauses vor der Sanierung

Energieverbrauch vor der Sanierung

Aufgrund fehlender Ausgangsdaten wurde als tatsächlicher Verbrauch vor der Sanierung der rechnerisch ermittelte Bedarf von 61 MWh/a bzw. 357 kWh/m²a angenommen. Die entsprechenden Werte sind in Tabelle 2 aufgeführt. Der Jahresnutzungsgrad der unterschiedlichen Heizanlagen wurde mit 72 % angenommen.

Sowieso-Maßnahmen

Sowieso von der Eigentümerin geplant und Anlass für die Ausarbeitung eines umfassenden Sanierungskonzepts war die Erweiterung des Dachausbaus.

Beschreibung der energetischen Verbesserungsmaßnahmen

Um die optimalen Energiesparlösungen für das Gebäude zu finden, wurden intensive Gespräche zwischen der Eigentümerin und den Stadtwerken Hannover geführt. Folgende Sanierungsmaßnahmen kamen dann zum Einsatz:

- Anbringen einer Thermohaut aus 12 cm dickem Polystyrol (WLG 040) an drei Seiten des Hauses. Aus Denkmalschutzgründen durfte die Straßenfassade nicht gedämmt werden
- Dämmung der Dachschräge mit 20 cm dicker Mineralwolledämmschicht
- Umbau zweier isolierverglaster Fenster zu Kastenfenstern (k-Wert: 1,8 W/m^2K)
- Zentralisierung der Heizung und Warmwasserbereitung mit Gas-Brennwerttechnik
- Der Dachgeschossausbau wird als Neubau gewertet und geht daher nicht in die sanierungstechnische Betrachtungsweise mit ein. Allerdings werden durch den Dachausbau die Wärmeverluste des übrigen Gebäudes verringert (Puffereffekt)

Tabelle 1 zeigt eine Übersicht der Wärmedurchgangskoeffizienten der energetisch verbesserten Hüllflächenbauteile. Nach der Sanierung durchgeführte Thermographieaufnahmen von der Außenfassade belegten die gute Qualität der Thermohaut und die großen Unterschiede zwischen gedämmter Giebelfassade und ungedämmter Straßenfassade in Bezug auf entsprechende Wärmeverluste.

Tabelle 1: Zusammenstellung der Wärmedurchgangskoeffizienten des Gebäudes vor und nach der Sanierung

Bauteil	Wärmedurchgangskoeffizient [W/m^2K]	
	Vor der Sanierung	Nach der Sanierung
Außenwand	1,80	0,28
Dachschräge	2,00	0,19
Fenster	2,4	1,8

Durch die Zentralisierung der Heizung und Warmwasserbereitung unter Verwendung der Gas-Brennwerttechnik konnte der Jahresnutzungsgrad von ursprünglich 72 % auf 92 % verbessert werden

Energieeinsparung

Nach der Sanierung wurden die Energieverbrauchswerte im Zeitraum von Juni 1996 bis Mai 1997 messtechnisch erfasst und ausgewertet. Dabei konnte eine gute Übereinstimmung zwischen rechnerischer und gemessener Energieeinsparung in Höhe von 65 % festgestellt werden. Die Werte sind in Tabelle 2 zusammengestellt.

Tabelle 2: Vergleich des Heizenergiebedarfs und des Heizenergieverbrauchs vor und nach der Sanierung

	Berechneter Bedarf		Gemessener Verbrauch	
	MWh/a	kWh/m²a	MWh/a	kWh/m²a
Vor der Sanierung	61,0	357	61,0*	357*
Nach der Sanierung	21,5	126	22,2	130
Einsparung in %	65		64	

* Berechneter Wert, da kein Messwert vorliegt.

Kosten

Die Gesamtkosten belaufen sich auf 36.750 € und sind aufgeteilt in 21.900 € Sanierungskosten und 14.850 € Energiesparkosten. Durch die finanzielle Unterstützung des Projekts in Höhe von 8.500 € konnten 57 % der Energiesparkosten gedeckt werden. Durch die Umlegung der Kosten gemäß Ziffer 14 auf die Mieten kam es zu den folgenden Veränderungen: Die Kaltmiete erhöhte sich um 1,05 €/(m^2 × Monat). Durch die energetischen Verbesserungen konnten die Heizkosten jedoch um 0,58 €/(m^2 × Monat) reduziert werden. Dies bedeutet, dass sich die Warmmiete um 0,47 €/(m^2 × Monat) erhöht. Bei Berücksichtigung der finanziellen Förderung reduziert sich der Betrag auf 0,02 €/(m^2 × Monat).

Kritische Bewertung

Durch die Luftdichtigkeitsmessungen (Blower-Door) im Dachbereich konnte festgestellt werden, dass sich das Dach, bedingt durch die Aufsparrendämmung, nicht ausreichend luftdicht ausführen ließ. Die Straßenfassade blieb aus denkmalschutzrechtlichen Gründen ungedämmt und soll nun bei Mieterwechsel Zug um Zug von innen gedämmt werden. Da die Eigentümerin Lehrperson für Berufsschüler im Fachbereich Bauen ist, soll in Zukunft das für Lehrzwecke interessante Gebäude in den Unterricht miteinbezogen werden.

Literatur

[1] *Stadtwerke Hannover AG:* THERMIE-ALTBAU – Dokumentation der Modellprojekte (Oktober 1997); Umfassende Mobilisierung von CO_2-Reduktionspotentialen im Wohnungsgebäudebestand durch optimierte energetische Altbausanierung.

30. Sanierung eines Mehrfamilienhauses in Hannover-Linden, Kochstraße 7 a

Einleitung

Das Gebäude wurde 1895 als Hinterhaus erstellt und befand sich vor der Sanierung in einem allgemein schlechten Bauzustand. Umfassende Modernisierungsmaßnahmen (u. a. Baderneuerung, Raumveränderungen) waren vorgesehen und wurden im Rahmen des THERMIE-ALTBAU Programms durchgeführt. Die Sanierung dauerte von Dezember 1995 bis Oktober 1996 und wurde dokumentarisch begleitet [1].

Bild 1: Rückansicht des Mehrfamilienhauses nach Beendigung der Sanierungsarbeiten

Lage des Gebäudes

Das Hinterhaus befindet sich in der Kochstraße 7 a in Hannover-Linden. Hannover kann gemäß DIN V 4108, Teil 6, der TRY-Region 2 (Hannover) zugeordnet werden.

Zustand vor der Sanierung

Gebäude

Das 1895 erbaute Mehrfamilienhaus beinhaltet 4½ Geschosse und ein anrechenbares Luftvolumen von 1.602 m^3. Die beheizte Nutzfläche von 529 m^2 verteilt sich auf insgesamt 10 Wohneinheiten. Rückfassade und Eingangsaußenwand bestanden aus ungedämmtem sichtbarem Ziegelmauerwerk mit einer

Dicke von 55 cm. Im Bereich der Heizkörpernischen waren die Außenwände nur 11,5 cm dick und ebenfalls ungedämmt. Die Kellerdecke bestand aus einer ungedämmten Kappendecke. An der Dachschräge war nur eine verputzte Sparschalung mit Schilfrohrträgern angebracht. Sämtliche Fenster hatten noch Einfachverglasung. Tabelle 1 zeigt die Wärmedurchgangskoeffizienten des Gebäudes vor der Sanierung.

Heizsystem

Die Versorgung der Wohnungen mit Heizwärme und Warmwasser erfolgte mit unterschiedlichen dezentralen Systemen. Zum Einsatz kamen u. a. Kohle- und Gas-Außenwandöfen und Radiatoren.

Bild 2: Ansicht der Rückfassade der Nachbargebäude vor der Sanierung

Energieverbrauch vor der Sanierung

Wegen fehlender Verbrauchsdaten für den Zeitraum vor der Sanierung wird der rechnerische Bedarf von 142,6 MWh/a bzw. 270 kWh/m²a auch als Verbrauch angenommen (siehe Tabelle 2). Die dezentralen unterschiedlichen Heizungsanlagen arbeiteten mit einem durchschnittlichen Jahresnutzungsgrad von 72 %.

Sowieso-Maßnahmen

Aufgrund des allgemein schlechten Bauzustands waren folgende Arbeiten ohnehin geplant:

- Renovierung und Umgestaltung der Räume
- Badrenovierung

Beschreibung der energetischen Verbesserungsmaßnahmen

Im Zuge der Sanierungsarbeiten kamen folgende Verbesserungen zur Ausführung:

- Anbringen einer 12 cm dicken Thermohaut aus Polystyrol (WLG 040) an der Rückfassade des Mehrfamilienhauses
- Innenseitige Dämmung der Eingangsaußenwand mit 6 cm dickem Mineralwolledämmstoff, in Blechständerprofilen hinter Gipskarton eingebaut
- Innenseitige Dämmung der Heizkörpernischen mit einer 20 cm dicken Dämmschicht
- Dämmung der Kellerdecke mit 6 cm dicken Hartschaumplatten vom Erdgeschoss aus
- Dämmung der Dachschräge mit 20 cm Mineralwolledämmung. Eine Aufdoppelung der Sparren und eine Dachneueindeckung wurde dabei erforderlich
- Austausch der einfachverglasten Fenster gegen Fenster mit Wärmeschutzverglasung (k-Wert: 1,6 W/m^{2}K)
- Zentralisierung der Heizung und Warmwasserbereitung und Anschluss an das Fernwärmenetz

Durch Luftdichtigkeitsmessungen (Blower-Door) nach der Sanierung konnten vielfältige Schwachstellen vor allem im Dachbereich lokalisiert werden.

Tabelle 1: Zusammenstellung der Wärmedurchgangskoeffizienten des Gebäudes vor und nach der Sanierung

Bauteil	Wärmedurchgangskoeffizient [W/m^{2}K]	
	Vor der Sanierung	Nach der Sanierung
Außenwand, Rückfassade	1,16	0,28
AW, Eingangsbereich	1,40	0,55
AW, Heizkörpernischen	2,00	0,19
Kellerdecke	1,07	0,45
Dachschräge	1,83	0,20
Fenster	5,2	1,6

Nach Abschluss der Sanierungsarbeiten konnte anhand von Thermographieaufnahmen die energetische Verbesserung der Außenfassade auf der Rückseite des Gebäudes im Vergleich zu den Nachbarwohnungen sehr anschaulich verdeutlicht werden.

Energieeinsparung

Nach der Sanierung wurden die Energieverbräuche messtechnisch erfasst (Zeitraum: Juni 1996 bis Mai 1997) und ausgewertet. Dabei ergab sich eine Heizenergieeinsparung von 70 %. Demgegenüber steht ein prognostiziertes rechnerisches Einsparpotential von 77 %. In Tabelle 2 sind die maßgeblichen Daten zusammengestellt.

Tabelle 2: Vergleich des Heizenergiebedarfs und des Heizenergieverbrauchs vor und nach der Sanierung

	Berechneter Bedarf		Gemessener Verbrauch	
	MWh/a	kWh/m²a	MWh/a	kWh/m²a
Vor der Sanierung	142,6	270	142,6*	270*
Nach der Sanierung	33,4	63	43,4	82
Einsparung in %	77		70	

** Berechneter Wert, da kein Messwert vorliegt.*

Durch die Zentralisierung des Heizsystems, verbunden mit dem Anschluss an das Fernwärmenetz, konnte der Jahresnutzungsgrad der Heizungsanlage von 72 % auf 92 % erhöht werden.

Kosten

Die Gesamtkosten des Projekts liegen bei 119.300 € und gliedern sich in 84.000 € Sanierungs- und 35.300 € Energiesparkosten. Durch die finanzielle Unterstützung des Vorhabens in Höhe von 15.000 € konnten 43 % der Energiesparkosten gedeckt werden. Durch die Umlegung der Kosten gemäß Ziffer 14 auf die Mieten kam es zu folgenden Veränderungen: Die Kaltmiete erhöhte sich um 1,39 €/(m² × Monat). Durch die energetischen Verbesserungen konnten die Heizkosten jedoch um 0,51 €/(m² × Monat) reduziert werden. Dies bedeutet, dass sich die Warmmiete um 0,88 €/(m² × Monat) erhöht. Bei Berücksichtigung der finanziellen Förderung reduziert sich der Betrag auf 0,61 €/(m² × Monat).

Kritische Bewertung

Im Gegensatz zu den optisch und energetisch hervorragend ausgeführten Fassadenarbeiten auf der Rückseite des Gebäudes sind die Luftdichtigkeitsarbeiten vor allem im Bereich des Dachgeschosses nur sehr unbefriedigend gelöst worden. Dies konnte durch Messung der Luftströme im Rahmen des Luftdichtigkeitstests (Blower-Door) aufgedeckt werden. Fenster, Innentüren, Fußleisten, Steckdosen, Stützendurchdringungen, Wasseruhren und WC-Spültaster bzw. entsprechende Installationsschächte erwiesen sich dabei als verbliebene Schwachstellen.

Literatur

[1] *Stadtwerke Hannover AG:* THERMIE-ALTBAU – Dokumentation der Modellprojekte (Oktober 1997); Umfassende Mobilisierung von CO_2-Reduktionspotentialen im Wohnungsgebäudebestand durch optimierte energetische Altbausanierung.

31. Sanierung eines Mehrfamilienhauses in Hannover-Linden, Kochstraße 7

Einleitung

Das Gebäude wurde 1895 als Vorderhaus mit einer Toreinfahrt zum Hinterhaus erstellt. Diese Art der doppelreihigen Bebauung mit Hinterhäusern ist für dieses Sanierungsgebiet charakteristisch. Das Vorderhaus ist Teil einer Gruppe baulicher Anlagen, die als Baudenkmal ausgewiesen sind. Der allgemein schlechte Bauzustand machte ein umfassendes Modernisierungskonzept unumgänglich. Im Rahmen des THERMIE-ALTBAU Programms wurden dabei umfangreiche Maßnahmen zur Energieeinsparung durchgeführt [1].

Bild 1: Ansicht des Vorderhauses nach Beendigung der Sanierungsarbeiten. Die denkmalgeschützte Straßenfassade blieb unverändert.

Lage des Gebäudes

Das 1895 erstellte Mehrfamilienhaus befindet sich in der Kochstraße 7 in Hannover-Linden. Hannover kann gemäß DIN V 4108, Teil 6, der TRY-Region 2 (Hannover) zugeordnet werden.

Zustand vor der Sanierung

Gebäude

Das Vorderhaus umfasst $4\frac{1}{2}$ Geschosse und ein anrechenbares Luftvolumen von 1.533 m^3. Die insgesamt 9 Wohnungen haben eine beheizte Fläche von 506 m^2. Die Außenwände bestanden aus Sichtmauerwerk mit einer Dicke von 55 cm und die Straßenfassade steht unter Denkmalschutz. In den Heizkörpernischen hat die Außenwand eine Dicke von nur 11,5 cm. Genauso wie die Kellerdecke, die als Kappendecke konstruiert wurde, besteht auch die Decke der Durchfahrt zum Hinterhaus aus Ortbeton. Die Dachschräge war nur mit einer Sparschalung aus Putz und Schilfrohr versehen und die Fenster hatten Einfachverglasung. In Tabelle 1 sind die Wärmedurchgangskoeffizienten der Bauteile vor der Sanierung aufgelistet.

Bild 2: Denkmalgeschützte Straßenfassade vor Beginn der Sanierungsarbeiten

Heizsystem

Im Gebäude wurden dezentral unterschiedliche Systeme zur Heizwärmeerzeugung und Warmwasserbereitung verwendet. Zum Einsatz kamen u. a. Elektroradiatoren, Kohleeinzelöfen und Gasaußenwandöfen.

Energieverbrauch vor der Sanierung

Da Verbrauchsdaten zum Zeitpunkt vor der Sanierung nicht vorhanden waren, musste bei der Auswertung der Messergebnisse der rechnerisch ermittelte Bedarf von 122,2 MWh/a bzw. 241 kWh/m^{2}a auch als Verbrauch zugrunde gelegt werden (siehe Tabelle 2). Der durchschnittliche Nutzungsgrad der verschiedenen dezentralen Heizsysteme lag bei 72 %.

Sowieso-Maßnahmen

Sowieso geplante und aufgrund des schlechten Bauzustands notwendige Arbeiten waren:

- Austausch der veralteten Heizungsanlage
- Renovierung und Veränderung der Räume
- Baderneuerung

Beschreibung der energetischen Verbesserungsmaßnahmen

Im Zeitraum von Dezember 1995 bis Oktober 1996 wurden am Gebäude folgende energetische Sanierungsarbeiten ausgeführt:

- Anbringen einer Innendämmung bei 60 Prozent der Außenwände, da aus denkmalschutzrechtlichen Gründen keine Thermohaut zum Einsatz kommen konnte. Dabei wurden 6 cm dicke Mineralwolleplatten verwendet, die in einer vorgeständerten Blechprofil-/Gipskartonkonstruktion eingebaut wurden
- Innenseitige Dämmung der Außenwände im Bereich der Heizkörpernischen mit einer 20 cm dicken Dämmschicht
- Dämmung der Kellerdecke mit Hartschaumplatten und Schüttdämmstoff unter dem Estrich (Dicke 6 cm) vom Erdgeschoss aus
- Einbau einer 20 cm dicken Mineralwolledämmung im Bereich der Dachschräge. Dadurch wurde eine Aufdoppelung der Dachsparren und eine Dachneueindeckung notwendig
- Dämmung der Decke im Bereich der Hofeinfahrt mit 10 bis 12 cm dicken Polystyrolplatten
- Austausch der einfachverglasten Fenster gegen Fenster mit Wärmeschutzverglasung.
- Zentralisierung der Heizung und Warmwasserbereitung und Anschluss an das Fernwärmenetz

Die Innendämmung der Außenwände beinhaltet jeweils als Luftdichtungsebene eine Dampfbremse. In Tabelle 1 sind die Wärmedurchgangskoeffizienten der Hüllflächenbauteile vor und nach der Sanierung zusammengestellt.

Bauteil	Wärmedurchgangskoeffizient [W/m²K]	
	Vor der Sanierung	Nach der Sanierung
Außenwand	1,40	0,53
AW, Heizkörpernischen	2,00	0,19
Decke, Durchfahrt	1,10	0,30
Kellerdecke	1,37	0,54
Dachschräge	1,33	0,20
Fenster	5,2	1,6

Tabelle 1: Zusammenstellung der Wärmedurchgangskoeffizienten des Gebäudes vor und nach der Sanierung

Energieeinsparung

Der Heizenergieverbrauch wurde nach Beendigung der Sanierungsarbeiten im Zeitraum von Juni 1996 bis Mai 1997 messtechnisch erfasst und ausgewertet. Durch die gebäude- und anlagentechnischen Verbesserungen konnte eine Energieeinsparung von 61 % erreicht werden. Dies liegt jedoch unter dem prognostizierten rechnerischen Einsparpotential von 71 %. Die Ergebnisse und Auswertungen sind in Tabelle 2 dargestellt.

	Berechneter Bedarf		Gemessener Verbrauch	
	MWh/a	kWh/m²a	MWh/a	kWh/m²a
Vor der Sanierung	122,2	241	122,6*	241*
Nach der Sanierung	34,9	69	47,4	94
Einsparung in %	71		61	

* Berechneter Wert, da kein Messwert vorliegt.

Tabelle 2: Vergleich des Heizenergiebedarfs und des Heizenergieverbrauchs vor und nach der Sanierung

Kosten

Die Gesamtkosten des Projekts liegen bei 99.500 € und gliedern sich in 73.850 € Sanierungs- und 25.650 € Energiesparkosten. Durch die finanzielle Unterstützung des Vorhabens in Höhe von 14 000 € konnten 55 % der Energiesparkosten gedeckt werden. Durch die Umlegung der Kosten gemäß Ziffer 14 auf die Mieter kam es zu den folgenden Veränderungen: Die Kaltmiete erhöhte sich um 1,22 €/(m^2×Monat). Durch die energetischen Verbesserungen konnten die Heizkosten jedoch um 0,43 €/(m^2×Monat) reduziert werden. Dies bedeutet, dass sich die Warmmiete um 0,79 €/(m^2×Monat) erhöht. Bei Berücksichtigung der finanziellen Förderung reduziert sich der Betrag auf 0,53 €/(m^2×Monat).

Kritische Bewertung

Bei den Innendämm-Maßnahmen dieses Projektes stellte sich heraus, dass die Handwerker in der Fläche zwar gut arbeiten und die Innendämmung ohne Luftraum direkt an die Wand bringen, die Ausführung der Anschlüsse dagegen oft unzureichend ist. So konnte beobachtet werden, dass die Dampfbremsen in der Regel zu knapp abgeschnitten wurden und so eine Luftdichtigkeit an entsprechenden Anschlussbereichen (Fenster/Außenwand) nicht mehr gewährleistet war.

Literatur

[1] *Stadtwerke Hannover AG:* THERMIE-ALTBAU – Dokumentation der Modellprojekte (Oktober 1997); Umfassende Mobilisierung von CO_2-Reduktionspotentialen im Wohnungsgebäudebestand durch optimierte energetische Altbausanierung.

32. Sanierung eines Mehrfamilienhauses in Hannover-Nordstadt, Engelbosteler Damm 102

Einleitung

Das Gebäude wurde im Jahre 1910 errichtet und befand sich vor der Sanierung in einem sehr modernisierungsbedürftigen Zustand. Die Stadt Hannover als Eigentümerin des Gebäudes hatte Interesse an seiner Erhaltung und einer umweltschonenden und sozialverträglichen Modernisierung. Im Rahmen des THERMIE-ALTBAU Programms konnte insbesondere der umweltschonende Aspekt erfüllt werden. Die Sanierung dauerte von Dezember 1995 bis Oktober 1996 und wurde von den Stadtwerken Hannover überwacht und dokumentiert [1].

Bild 1: Straßenansicht des Gebäudes nach Beendigung der Sanierungsarbeiten

Lage des Gebäudes

Das 8-Familienhaus wurde 1910 im Engelbosteler Damm 102 in Hannover-Nordstadt erbaut. Hannover kann gemäß DIN V 4108, Teil 6, der TRY-Region 2 (Hannover) zugeordnet werden.

Bild 2: Vorderansicht des Mehrfamilienhauses vor Beginn der Sanierung

Zustand vor der Sanierung

Gebäude

Das freistehende Mehrfamilienhaus beinhaltet 8 Wohneinheiten mit einer beheizten Gesamtfläche von 418 m^2. Das Gebäude umfasst $3\frac{1}{2}$ Geschosse und hat ein anrechenbares Luftvolumen von 1.191 m^3. Die Außenwände bestanden aus ungedämmtem einschaligem Sichtmauerwerk und die Kellerdecke wurde als Kappendecke in Ortbetonbauweise hergestellt. Die Holzbalkendecke im obersten Geschoss war ebenfalls ungedämmt. In der Dachschräge war eine Sparschalung mit Schilfrohr und Putz verwendet worden. Die Fenster waren mit Einfachverglasung ausgestattet. Tabelle 1 zeigt die Wärmedurchgangskoeffizienten der Bauteile vor der Sanierung.

Heizsystem

Das Gebäude wurde im Zuge einer ersten anlagentechnischen Modernisierung im Zeitraum von 1971 bis 1989 mit Gas-Kombithermen zur Heizwärmeerzeugung und Warmwasserbereitung ausgestattet.

Energieverbrauch vor der Sanierung

Wegen fehlender Verbrauchsdaten für den Zeitraum vor der Sanierung wurde bei diesem Gebäude der berechnete Bedarf von 126,4 MWh/a bzw. 302 kWh/ m²a auch als Verbrauch zugrunde gelegt (siehe Tabelle 2). Der Nutzungsgrad der Gas-Kombithermen lag bei 74 %.

Sowieso-Maßnahmen

Von der Stadt Hannover als Eigentümerin des Hauses waren alle Maßnahmen sowieso geplant, die für die Erhaltung des modernisierungsbedürftigen Gebäudes notwendig waren.

Beschreibung der energetischen Verbesserungsmaßnahmen

Unter Berücksichtigung der umweltschonenden Aspekte kam folgendes Maßnahmenpaket mit energetisch optimierten Details zur Ausführung:

- Dämmung der Außenwände mit einer 12 cm dicken Thermohaut aus Polystyrol (WLG 040). Die Eingangsfassade wurde von innen mit einer 6 cm dicken Dämmung, die mit Gipskartonplatten in einem Blech-Ständerwerk eingebaut worden war, gedämmt
- Anbringen eines 6 cm dicken Hartschaum-Dämmstoffs an einem Teil der Kellerdecke (ca. 50 %) unterhalb des Estrichs
- Dämmung des Dachbodens mit 18 cm dickem Mineralwolledämmstoff zwischen den Balken
- Dämmung der Dachschräge inklusive Gauben mit 8 bis 20 cm dicken Mineralwollebahnen
- Austausch der einfachverglasten Fenster durch Fenster mit Wärmeschutzverglasung (k-Wert: 1,6 W/m²K)
- Einbau einer kontrollierten feuchtegeführten Lüftungsanlage mit dezentraler Zuluft und zentraler Abluft
- Zentralisierung der Heizung und Warmwasserbereitung mit Gas-Brennwerttechnik und Solarkollektoren. Die solare Warmwasserbereitung besteht aus

zwei Flachkollektoren mit jeweils 6 m^2 Fläche (Low-Flow-System mit ca. 150 l/h Umwälzung im Solarkreislauf), einem Solar-Schichtenspeicher (650 l) und einem nachgeschalteten Trinkwasserspeicher (400 l)

Durch den Anbau eines Gebäudes an der Nordseite des Mehrfamilienhauses wurden die Wärmeverluste entsprechend verringert (Puffereffekt). Tabelle 1 zeigt eine Übersicht über die Wärmedurchgangskoeffizienten der Hüllflächenbauteile vor und nach der Sanierung.

Tabelle 1: Zusammenstellung der Wärmedurchgangskoeffizienten des Gebäudes vor und nach der Sanierung

Bauteil	Wärmedurchgangskoeffizient [W/m²K]	
	Vor der Sanierung	Nach der Sanierung
Außenwand	1,50	0,28
Außenwand, Vorderseite	1,50	0,63
Kellerdecke	1,07	0,54
Oberste Geschossdecke	0,95	0,20
Dachschräge und Gauben	2,14	0,21
Fenster	5,2	1,6

Besonders erwähnenswert ist auch der Einbau einer automatischen Heizkörperabschaltung bei Fensteröffnung durch Kontakte im Fensterbereich.

Energieeinsparung

Durch die von Juni 1996 bis Mai 1997 aufgezeichneten Verbrauchswerte konnte eine Einsparung von 58 % ermittelt werden. Diese liegt unter der prognostizierten Energieeinsparung von 75 %. Die berechneten Bedarfs- und gemessenen Verbrauchswerte sind in Tabelle 2 aufgeführt.

Tabelle 2: Vergleich des Heizenergiebedarfs und des Heizenergieverbrauchs vor und nach der Sanierung

	Berechneter Bedarf		Gemessener Verbrauch	
	MWh/a	kWh/m²a	MWh/a	kWh/m²a
Vor der Sanierung	126,4	302	126,4*	302*
Nach der Sanierung	31,8	76	53,1	127
Einsparung in %	75		58	

** Berechneter Wert, da kein Messwert vorliegt.*

Der Nutzungsgrad der Heizung konnte durch die Zentralisierung und Modernisierung mit Gas-Brennwerttechnik von 74 % auf 92 % verbessert werden.

Kosten

Die Gesamtkosten des Projekts liegen bei 125.950 € und gliedern sich in 85.400 € Sanierungs- und 40.550 € Energiesparkosten. Durch die finanzielle Unterstützung des Vorhabens in Höhe von 24.500 € konnten 60 % der Energiesparkosten gedeckt werden. Durch die Umlegung der Kosten gemäß Ziffer 14 auf die Mieten kam es zu den folgenden Veränderungen: Die Kaltmiete erhöhte sich um 1,69 €/(m² × Monat). Durch die energetischen Verbesserungen konnten die Heizkosten jedoch um 0,57 €/(m² × Monat) reduziert werden. Dies bedeutet, dass sich die Warmmiete um 1,12 €/(m² × Monat) erhöht. Bei Berücksichtigung der finanziellen Förderung reduziert sich der Betrag auf 0,58 €/(m² × Monat).

Kritische Bewertung

Durch Luftdichtigkeitsmessungen (Blower-Door) konnten Luftundichtigkeiten im Bereich der Leitungsführung zwischen den Geschossen festgestellt werden. Der zeitgleich zur Modernisierung errichtete Anbau an der Nordseite machte teilweise Zusatzmaßnahmen z. B. zum Schutz der Kollektoren vor herabfallenden Baumaterialien erforderlich. Die Thermohaut an der Außenfassade konnte optimal bis weit unter die Kellerdecke geführt werden.

Literatur

[1] *Stadtwerke Hannover AG:* THERMIE-ALTBAU – Dokumentation der Modellprojekte (Oktober 1997); Umfassende Mobilisierung von CO_2-Reduktionspotenzialen im Wohnungsgebäudebestand durch optimierte energetische Altbausanierung.

33. Sanierung eines Mehrfamilienhausblocks in Hannover-Vahrenheide, Dresdner Straße

Einleitung

Bei dem 1963 fertiggestellten Gebäudekomplex handelt es sich um ein Projekt im Rahmen des sozialen Wohnungsbaus. Eigentümerin des Gebäudes ist die städtische Baugesellschaft GBH. Das Gebäude wies großflächige Schäden am Fassadenputz und Feuchteschäden innerhalb der Außenwände auf und die Fenster waren im Blendrahmenbereich verrottet. Die Sanierung wurde von Juni 1996 bis November 1996 durchgeführt und daran anschließend wurden die Verbrauchswerte messtechnisch erfasst [1]

Bild 1: Ansicht des Gebäudes nach Beendigung der Sanierungsarbeiten

Lage des Gebäudes

Das 1962 erbaute Mehrfamilienhaus befindet sich in der Dresdener Straße 30-38 in Hannover-Vahrenheide. Hannover kann gemäß DIN V 4108, Teil 6, der TRY-Region 2 (Hannover) zugeordnet werden.

Zustand vor der Sanierung

Gebäude

Der dreigeschossige Gebäudekomplex beinhaltet zwei versetzt angeordnete Baukörper, die über einen zweigeschossigen Loggia-Zwischenbau verbunden sind. Der freistehende Mehrfamilienhausblock umfasst 30 Wohneinheiten mit einer beheizten Nutzfläche von 1.560 m² und einem anrechenbaren Luftvolumen von 3.900 m³. Die Außenwände bestanden aus einschaligem verputztem Mauerwerk und die oberste Geschossdecke wurde in Ortbetonbauweise hergestellt. Die Fenster hatten Einfachverglasung. In Tabelle 1 sind die Wärmedurchgangskoeffizienten der Hüllflächenbauteile vor der Sanierung aufgeführt.

Heizsystem

Zur Heizung und Warmwasserbereitung wurden unterschiedliche dezentrale Systeme (Gas-Kombithermen, Gaseinzelraumheizer, Kohleöfen) verwendet.

Bild 2: Ansicht des Gebäudes vor Beginn der Sanierungsarbeiten

Energieverbrauch vor der Sanierung

Aufgrund fehlender Verbrauchsdaten für den Zeitraum vor der Sanierung wurde als Verbrauch der mit einem Energiebilanzmodell rechnerisch ermittelte Bedarf von 440,6 MWh/a bzw. 282 kWh/m²a zugrunde gelegt. Die dezentralen unterschiedlichen Heizsysteme erreichten einen Jahresnutzungsgrad von 74 %.

Sowieso-Maßnahmen

Sowieso geplante und durchzuführende Maßnahmen waren:

- Renovierung der Außenfassade
- Beseitigung der Feuchteschäden innerhalb der Außenwände
- Fensterersatz

Beschreibung der energetischen Verbesserungsmaßnahmen

Bei der Sanierung des Gebäudes kamen folgende energetische Verbesserungsmaßnahmen zum Einsatz:

- Anbringen einer Thermohaut aus 12 cm dickem Polystyrol (WLG 040) an der Außenwand. Im Bereich der Balkone wurde aus Platzgründen eine 6 cm dicke Polystyrol-Dämmschicht (WLG 040) angebracht
- Dämmung der obersten Geschossdecke mit nur 8 cm dicken Hartschaum- und Holzhartfaserplatten (begehbar) aufgrund der geringen Stehhöhe zur Kehlbalkenlage
- Austausch der einfachverglasten Fenster gegen Fenster mit Wärmeschutzverglasung (k-Wert: 1,6 W/m²K)
- Zentralisierung der Heizung und Warmwasserbereitung mit Gas-Brennwerttechnik und Warmwasser-Durchlauferhitzern

Tabelle 1: Zusammenstellung der Wärmedurchgangskoeffizienten des Gebäudes vor und nach der Sanierung

Bauteil	Wärmedurchgangskoeffizient [W/m²K]	
	Vor der Sanierung	Nach der Sanierung
Außenwand	1,60	0,28
AW, Balkonbereich	1,60	0,55
Oberste Geschossdecke	1,10	0,35
Fenster	5,2	1,6

Im Treppenhaus wurden die einfach verglasten Fenster noch nicht erneuert. Die damit verbundenen erhöhten Wärmeverluste wurden durch eine im Anschluss an die Sanierungsarbeiten durchgeführte Thermographieaufnahme der Außenfassade deutlich. Um eine Minimierung der Wärmebrückenwirkung im Bereich des Balkonfußbodens (Loggia) zu erreichen, wurde eine computergestützte Wärmebrückenbeurteilung verschiedener Dämmungsvarianten durchgeführt. Aufgrund dieser Untersuchungen entschied man sich für eine Dämmung der Betonplatten mit 5 cm dicken Gummischrotmatten von oben und eine unterseitige Dämmung mit 6 cm dicken Polystyrolplatten (WLG 040) bis zur Hauskante.

Energieeinsparung

Im Zeitraum von Juni 1996 bis Mai 1997 wurden die Verbrauchswerte messtechnisch erfasst und ausgewertet. Dadurch konnte eine Energieeinsparung von 62 % ermittelt werden. Das rechnerische Energieeinsparpotential lag bei 74 %. Die Verbrauchsdaten sind in Tabelle 2 dargestellt.
Durch die Zentralisierung der Heizung und Warmwasserbereitung ließ sich der Jahresnutzungsgrad von 74 % auf 92 % erhöhen.

Tabelle 2: Vergleich der tatsächlichen mit den vorausberechneten Verbrauchswerten im Zustand vor und nach der Sanierung

	Berechneter Bedarf		Gemessener Verbrauch	
	MWh/a	kWh/m²a	MWh/a	kWh/m²a
Vor der Sanierung	440,6	282	440,6*	282*
Nach der Sanierung	114,0	73	168,2	108
Einsparung in %	74		62	

* *Berechneter Wert, da kein Messwert vorliegt.*

Kosten

Die Gesamtkosten des Projekts liegen bei 388.250 € und gliedern sich in 246.350 € Sanierungs- und 141.900 € Energiesparkosten. Durch die finanzielle Unterstützung des Vorhabens in Höhe von 57.500 € konnten 41 % der Energiesparkosten gedeckt werden. Durch die Umlegung der Kosten gemäß Ziffer 14 auf die Mieten kam es zu folgenden Veränderungen: Die Kaltmiete erhöhte sich um 1,36 €/($m^2 \times$ Monat). Durch die energetischen Verbesserungen konnten die Heizkosten jedoch um 0,53 €/($m^2 \times$ Monat) reduziert werden. Dies bedeutet, dass sich die Warmmiete um 0,83 €/($m^2 \times$ Monat) erhöht. Bei Berücksichtigung der finanziellen Förderung reduziert sich der Betrag auf 0,49 €/($m^2 \times$ Monat).

Kritische Bewertung

Gerade vor dem Hintergrund des besonders schlechten Ausgangszustandes wird dem Betrachter durch die Modernisierungsmaßnahmen ein äußerst positiver Gesamteindruck vermittelt. Besonders hervorzuheben ist die Wärmbrükken-Minimierung des Balkonfußbodens (Loggia) mittels Dämmung. Allerdings wurden einige andere Anschlussdetails nicht optimal ausgeführt. Als problematisch erwiesen sich die geringen Dachüberstände, die wegen der Thermohaut verlängert werden mussten. Aufgrund der geringen Kellerhöhe konnte die Kellerdecke nicht gedämmt werden. Eine teilweise seitlich zu kurze Ausführung der Fensterbänke machte ein dauerelastisches Abdichten des Anschlusses Fensterbank/Thermohaut notwendig. Zu den in die Wohnräume hineingezogenen Balkonen (Loggien) ist zu erwähnen, dass allein durch die damit verbundene Vergrößerung der Gebäudeoberfläche höhere Wärmeverluste auftreten.

Literatur

[1] *Stadtwerke Hannover AG:* THERMIE-ALTBAU – Dokumentation der Modellprojekte (Oktober 1997); Umfassende Mobilisierung von CO_2-Reduktionspotentialen im Wohnungsgebäudebestand durch optimierte energetische Altbausanierung.

34. Sanierung eines Mehrfamilien-Reihenhauses in Hannover-Ricklingen, Göttinger Chaussee

Einleitung

Das Gebäude wurde 1958 erstellt. Anlasss der Modernisierung, die von April 1996 bis Juni 1997 durchgeführt wurde, war eine Neugestaltung und Renovierung der ungedämmten Außenwände. Im Anschluss an die Sanierungsarbeiten wurden die Verbrauchswerte erfasst [1].

Bild 1: Ansicht des Reihenhauses nach Beendigung der Sanierungsarbeiten

Lage des Gebäudes

Das 1958 errichtete Mehrfamilienhaus befindet sich in der Göttinger Chaussee 165 in Hannover-Ricklingen. Hannover kann gemäß DIN V 4108, Teil 6, der TRY-Region 2 (Hannover) zugeordnet werden.

Zustand vor der Sanierung

Gebäude

Das dreigeschossige Mehrfamilien-Reihenhaus umfasst 18 Wohneinheiten mit einer beheizten Gesamtfläche von 973 m^2 und einem anrechenbaren Luftvolumen von 2.481 m^3. Die Außenwände bestanden aus einschalig verputztem Mauerwerk und sowohl die Kellerdecke als auch die Decke der Hofeinfahrt wurden aus Beton hergestellt. Der Spitzboden erwies sich als Holzbalkendecke. Ein kleiner Teil (23 %) der Fenster hatte Einfachverglasung. Die restlichen Fenster waren isolierverglast und wurden nicht ersetzt. Tabelle 1 zeigt die Wärmedurchgangskoeffizienten der Bauteile vor der Sanierung.

Heizsystem

Zur Heizwärmeerzeugung und Warmwasserbereitung war das Gebäude mit Gas-Kombithermen ausgestattet worden. Diese Anlagen blieben auch nach der Sanierung erhalten.

Energieverbrauch vor der Sanierung

Wegen fehlender Verbrauchsdaten für den Zustand vor der Sanierung muss auch für den Verbrauch der rechnerische Bedarf von 149,9 MWh/a bzw. 154 kWh/m^{2}a zugrunde gelegt werden. In Tabelle 2 sind die entsprechenden Werte aufgeführt. Der Wirkungsgrad der Gas-Kombithermen belief sich auf 82 %.

Sowieso-Maßnahmen

Sowieso geplante Maßnahme und Anlass der Modernisierung war die Renovierung der Außenfassade.

Beschreibung der energetischen Verbesserungsmaßnahmen

Bei den vom Eigentümer selbst koordinierten Baumaßnahmen kamen folgende Sanierungsarbeiten zur Ausführung:

- Anbringen einer 12 cm dicken Thermohaut aus Polystyrol (WLG 040) an den Außenwänden
- Dämmung der Kellerdecke von unten mit 6 cm dicken Hartschaumplatten
- Dämmung der obersten Geschossdecke (Spitzboden) mit 18 cm dicken Mineralwollematten
- Unterseitige Deckendämmung der Hofdurchfahrt mit 2 cm dicken Hartschaumplatten.
- Austausch der einfachverglasten Fenster gegen Fenster mit Wärmeschutzverglasung (k-Wert: 1,6 W/m^{2}K)

Tabelle 1 zeigt die Auswirkungen der Sanierungsmaßnahmen auf die Wärmedurchgangskoeffizienten der Hüllflächenbauteile.

Tabelle 1: Zusammenstellung der Wärmedurchgangskoeffizienten des Gebäudes vor und nach der Sanierung

Bauteil	Wärmedurchgangskoeffizient [W/m²K]	
	Vor der Sanierung	Nach der Sanierung
Außenwand	1,65	0,28
Kellerdecke	1,05	0,49
Decke, Hofdurchfahrt	1,60	0,85
Spitzboden	0,60	0,20
Fenster	5,2	1,6

Energieeinsparung

Nach der Sanierung wurden von Juni 1996 bis Mai 1997 alle Heizenergieverbrauchswerte erfasst. Aufgrund der Auswertungsergebnisse ergab sich eine gemessene Energieeinsparung von 22 %. Dieser Wert lag weit unter dem prognostizierten Einsparpotential bei Normnutzung von 53 %. Der Hauptgrund für diesen großen Unterschied liegt in dem übermäßig hohen Energieverbrauch der Erdgeschosswohnung. In Tabelle 2 sind die einzelnen Werte zusammengestellt.

Tabelle 2: Vergleich des Heizwärmebedarfs mit dem Heizwärmeverbrauch vor und nach der Sanierung

	Berechneter Bedarf		Gemessener Verbrauch	
	MWh/a	kWh/m²a	MWh/a	kWh/m²a
Vor der Sanierung	149,9	154	149,9*	154*
Nach der Sanierung	69,9	72	117,2	120
Einsparung in %	53		22	

* Berechneter Wert, da kein Messwert vorliegt.

Kosten

Die Gesamtkosten des Projekts liegen bei 92.100 € und gliedern sich in 46.400 € Sanierungs- und 45.650 € Energiesparkosten. Durch die finanzielle Unterstützung des Vorhabens in Höhe von 16.500 € konnten 36 % der Energiesparkosten gedeckt werden. Durch die Umlegung der Kosten gemäß Ziffer 14 auf die Mieten kam es zu den folgenden Veränderungen: Die Kaltmiete erhöhte sich um 0,49 €/(m² × Monat). Durch die energetischen Verbesserungen konnten die Heizkosten jedoch um 0,21 €/(m² × Monat) reduziert werden. Dies bedeutet, dass sich die Warmmiete um 0,28 €/(m² × Monat) erhöht. Bei Berücksichtigung der finanziellen Förderung reduziert sich der Betrag auf 0,13 €/(m² × Monat).

Kritische Bewertung

Aus ästhetischen Gründen blieb das Ziegelmauerwerk im Sockelbereich ungedämmt. Dies führte zu einer Qualitätseinschränkung der Energiesparmaßnahmen. Laut Mieterbefragung gab es unter den Bewohnern eine geringe Zufriedenheit mit der Bauabwicklung und den Modernisierungsmaßnahmen. Eine Wohnkomfortsteigerung wurde von den Mietern nicht direkt wahrgenommen und die Erhöhung der laufenden Kosten wurde als unangemessen hoch eingeschätzt.

Literatur

[1] *Stadtwerke Hannover AG:* THERME-ALTBAU – Dokumentation der Modellprojekte (Oktober 1997); Umfassende Mobilisierung von CO_2-Reduktionspotentialen im Wohnungsgebäudebestand durch optimierte energetische Altbausanierung.

35. Sanierung eines Mehrfamilienhauses in Hannover-Limmer, Sackmannstraße

Einleitung

Bei dem 1971 erstellten Gebäude handelt es sich um eine Altenwohnanlage. Zielsetzung der Sanierung war, im Bereich der Laubengänge Möglichkeiten zu finden, um Energie einzusparen. In zahlreichen Abstimmungsgesprächen wurden verschiedene Alternativen ausgewählt und in das Sanierungskonzept aufgenommen, das von September 1996 bis Juni 1997 umgesetzt wurde [1].

Bild 1: Ansicht des Mehrfamilienhauses nach Beendigung der Sanierungsarbeiten

Lage des Gebäudes

Die Altenwohnanlage wurde 1971 in der Sackmannstraße 38-40 in Hannover-Limmer erbaut. Hannover kann gemäß DIN V 4108, Teil 6, der TRY-Region 2 (Hannover) zugeordnet werden.

Zustand vor der Sanierung

Gebäude

Das freistehende dreigeschossige Mehrfamilienhaus umfasst ein anrechenbares Luftvolumen von 4.988 m^3 und die beheizte Nutzfläche von 1.995 m^2 verteilt sich auf 42 Wohneinheiten. Die Außenwände bestanden aus einschaligem Sichtmauerwerk und sowohl Keller- als auch oberste Geschossdecke waren aus Beton hergestellt und mit einer 2 bis 4 cm dicken Dämmschicht versehen worden. Auf der Kellerdecke war außerdem ein Estrich aufgebracht worden. Die Fenster hatten Isolierverglasung und blieben unverändert. In Tabelle 1 sind die Wärmedurchgangskoeffizienten der Bauteile zusammengestellt.

Heizsystem

Zur Heizenergieversorgung und Warmwasserbereitung stand vor der Sanierung ein zentraler Gas-Gebläsebrenner (Baujahr 1970) zur Verfügung. Dieser veraltete Brenner erreichte einen Nutzungsgrad von 78 % und wurde im Zuge der Modernisierungsmaßnahmen ausgetauscht.

Bild 2: Ansicht des Gebäudes vor der Sanierung

Energieverbrauch vor der Sanierung

Über den tatsächlichen Heizenergieverbrauch vor der Sanierung sind keine ausreichenden Daten vorhanden. Es kann deshalb nur der berechnete Bedarf von 273,8 MWh/a bzw. 137 kWh/m^2a zugrunde gelegt werden.

Sowieso-Maßnahmen

Ausschlaggebend für die Sanierung war die energetische Verbesserung der Laubengänge. Es wurden keine Angaben zu sowieso durchzuführenden oder geplanten Modernisierungsmaßnahmen gemacht.

Beschreibung der energetischen Verbesserungsmaßnahmen

Folgende energiesparenden Sanierungsmaßnahmen kamen zum Einsatz:

- Dämmung der Außenwände mit 12 cm dicker Dämmschicht aus Polyurethan. Im Bereich der Laubengänge und Balkonfassaden wurde aus Platzgründen eine Thermohaut aus 4 bis 8 cm dickem Polystyrol (WLG 040) angebracht
- Zusätzliche Dämmung der Kellerdecke im Bereich beheizter Räume mit 6 cm dicken Hartschaumplatten (von unten gedübelt)
- Dämmung der obersten Geschossdecke mit einer zusätzlichen Schicht aus 14 cm dicken Steinwollematten. Zur Begehbarkeit wurden lose Bretter verlegt
- Austausch des veralteten Gas-Gebläsebrenners gegen einen neuwertigen Brenner gleicher Bauart

In Tabelle 1 sind die Wärmedurchgangskoeffizienten der Hüllflächenbauteile zusammengestellt.

Tabelle 1: Zusammenstellung der Wärmedurchgangskoeffizienten des Gebäudes vor und nach der Sanierung

Bauteil	Wärmedurchgangskoeffizient [W/m²K]	
	Vor der Sanierung	Nach der Sanierung
Außenwand	1,10	0,28
Außenwand, Laubengänge	1,10	0,46
Kellerdecke	1,06	0,53
Oberste Geschossdecke	0,80	0,20

Energieeinsparung

Zur Ermittlung der tatsächlichen Verbräuche nach der Sanierung lagen zum damaligen Zeitpunkt nicht genügend verwertbare Daten vor. Durch eine Berechnung mit einem Energiebilanzmodell konnte ein Bedarf von 151,8 MWh/a bzw. 76 kWh/m²a nach der Sanierung ermittelt werden. Dies würde eine Einsparung von 45 % bedeuten. Die Modernisierung der Heizungsanlagen durch den Einbau eines neuwertigen Brenners erhöhte den Nutzungsgrad von 78 % auf 86 %.

Kosten

Die Gesamtkosten des Projekts liegen bei 145.450 € und gliedern sich in 86.750 € Sanierungs- und 108.750 € Energiesparkosten. Durch die finanzielle Unterstützung des Vorhabens in Höhe von 43.750 € konnten 40 % der Energiesparkosten gedeckt werden. Durch die Umlegung der Kosten gemäß Ziffer 14 auf die Mieten kam es zu den folgenden Veränderungen: Die Kaltmiete erhöhte sich um 0,52 €/($m^2 \times$ Monat). Durch die energetischen Verbesserungen konnten die Heizkosten jedoch um 0,15 €/($m^2 \times$ Monat) reduziert werden. Dies bedeutet, dass sich die Warmmiete um 0,37 €/($m^2 \times$ Monat) erhöht. Bei Berücksichtigung der finanziellen Förderung reduziert sich der Betrag auf 0,17 €/($m^2 \times$ Monat).

Kritische Bewertung

Das Gebäude ist durch die eingezogenen Balkone stark zergliedert und hat eine entsprechend hohe Außenoberfläche („Kühlrippen-Effekt"). Allein schon aufgrund dieser energetisch ungünstigen Bauform kommt es zu höheren Wärmeverlusten. Wegen unwirtschaftlich hoher Investitionskosten blieben die Balkonböden ungedämmt. Durch eine gute Koordination der Arbeiten mit den Handwerkern und eine fast tägliche Qualitätskontrolle des bauleitenden Architekten erfolgte eine zügige Abwicklung der einzelnen Gewerke.

Literatur

[1] *Stadtwerke Hannover AG:* THERMIE-ALTBAU – Dokumentation der Modellprojekte (Oktober 1997); Umfassende Mobilisierung von CO_2-Reduktionspotentialen im Wohnungsgebäudebestand durch optimierte energetische Altbausanierung.

36. Sanierung eines Reihenendhauses in Hannover-Nordstadt, Kopernikusstraße

Einleitung

Das Mehrfamilienhaus wurde 1953 erbaut und zeigte optische Mängel an der Außenfassade. Bei der Sanierung wurde sehr großer Wert auf eine energetisch optimierte Modernisierung gelegt. Im Anschluss an die im Mai 1997 begonnenen Sanierungsarbeiten war für 1998 die Angliederung eines Neubaus an dieses Haus, verbunden mit einer Zusammenlegung der Heizsysteme, geplant [1].

Bild 1: Ansicht des Gebäudes kurz vor Fertigstellung der Sanierungsarbeiten

Lage des Gebäudes

Das Mehrfamilienhaus wurde 1953 in der Kopernikusstraße 6 in Hannover-Nordstadt erbaut. Hannover kann gemäß DIN 4108 V, Teil 6, der TRY-Region 2 (Hannover) zugeordnet werden.

Zustand vor der Sanierung

Gebäude

Das viergeschossige Mehrfamilienhaus umfasst ein anrechenbares Luftvolumen von 1.581 m^3 und beinhaltet 6 Wohneinheiten mit einer beheizten Gesamtfläche von 527 m^2. Die Außenwände bestanden aus einschaligem verputztem Mauerwerk und sowohl die Decke der Hofdurchfahrt als auch die Kellerdecke waren in Ortbetonbauweise hergestellt worden. Auf der aus Ortbeton bestehenden obersten Geschossdecke war ein Estrich verlegt worden. Die Fenster hatten Isolier- und Einfachverglasung. In Tabelle 1 sind die Wärmedurchgangskoeffizienten der Bauteile vor der Sanierung aufgeführt.

Heizsystem

Das Gebäude war zur Versorgung mit Heizwärme und Warmwasser mit dezentralen Gas-Kombithermen ausgestattet worden. Für 1998 war eine Zusammenlegung und Zentralisierung des Heizsystems dieses Gebäudes und des Neubaus geplant.

Bild 2: Ansicht des Reihenendhauses vor Beginn der Sanierungsarbeiten

Energieverbrauch vor der Sanierung

Der rechnerische Heizenergiebedarf lag bei diesem Gebäude bei 140,2 MWh/a bzw. 266 kWh/m^2a. Aussagen über den tatsächlichen Verbrauch konnten aufgrund fehlender Daten nicht gemacht werden. Die dezentralen Gas-Kombithermen erreichten einen Nutzungsgrad von 77 %.

Sowieso-Maßnahmen

Über sowieso durchzuführende Maßnahmen werden in [1] keine Angaben gemacht.

Beschreibung der energetischen Verbesserungsmaßnahmen

Bei der Sanierung des Reihenendhauses kamen folgende energiesparenden Baumaßnahmen zur Ausführung:

- Anbringen einer Thermohaut aus 12 cm dickem Polystyrol (WLG 040) an der Außenwand und an der Decke im Bereich Hofdurchfahrt
- Dämmung der Kellerdecke von oben (unterhalb des Estrichs) mit 6 cm dikken Hartschaumplatten
- Austausch der einfachverglasten Fenster gegen Fenster mit Wärmeschutzverglasung. Die Fenster mit Isolierverglasung waren in gutem Zustand und blieben erhalten
- In Verbindung mit der Angliederung eines Neubaus an die Giebelwand des bestehenden Gebäudes ist eine Zentralisierung der Heizung und Warmwasserbereitung und eine Zusammenlegung der Heizsysteme geplant

Der Ausbau des Dachgeschosses wird als Neubau gewertet und geht nicht in die Betrachtung im Rahmen des THERMIE-ALTBAU Programms ein; er hat aber eine Verringerung des Wärmeverlustes in Bezug auf das ganze Gebäude zur Folge (Puffereffekt). Tabelle 1 gibt einen Überblick über die Wärmedurchgangskoeffizienten der Hüllflächenbauteile vor und nach der Sanierung.

Tabelle 1: Zusammenstellung der Wärmedurchgangskoeffizienten des Gebäudes vor und nach der Sanierung

Bauteil	Wärmedurchgangskoeffizient [W/m²K]	
	Vor der Sanierung	Nach der Sanierung
Außenwand	1,60	0,28
Decke, Hofdurchfahrt	1,00	0,27
Kellerdecke	1,20	0,50
Fenster	5,2	1,6

Energieeinsparung

Es lagen zum damaligen Zeitpunkt noch nicht genügend verwertbare Verbrauchsdaten zur Bestimmung der tatsächlichen Verbräuche vor. Es ist daher nur ein Vergleich mit den berechneten Werten möglich. Der Heizenergiebedarf liegt bei 140,2 MWh/a bzw. 266 kWh/m^{2}a vor der Sanierung und bei 39,3 MWh/a bzw. 75 kWh/m^{2}a nach der Sanierung. Die rechnerische Einsparung liegt somit bei 72 %.

Kosten

Die Gesamtkosten des Projekts liegen bei 92.550 € und gliedern sich in 58.500 € Sanierungs- und 34.050 € Energiesparkosten. Durch die finanzielle Unterstützung des Vorhabens in Höhe von 15.000 € konnten 44 % der Energiesparkosten gedeckt werden. Durch die Umlegung der Kosten gemäß Ziffer 14 auf die Mieten unter Berücksichtigung der berechneten Einsparungen kam es zu folgenden Veränderungen: Die Kaltmiete erhöhte sich um 0,88 €/(m^2 × Monat). Durch die energetischen Verbesserungen konnten die Heizkosten jedoch um 0,48 €/(m^2 × Monat) reduziert werden. Dies bedeutet, dass sich die Warmmiete um 0,40 €/(m^2 × Monat) erhöht. Bei Berücksichtigung der finanziellen Förderung reduziert sich der Betrag auf 0,14 €/(m^2 × Monat).

Kritische Bewertung

Die Luftdichtheitssperre ist beim Anbringen häufig gerissen und konnte an den Übergängen zur Wand nicht immer völlig dicht angebracht werden. Ferner sind Wärmebrücken über den Gebäudetrennwänden verblieben, da die Wände bis unter die Windsperre hochgemauert wurden. Durch das große Eigeninteresse des Eigentümers wurde im allgemeinen auf eine energetisch optimierte Modernisierung im Detail sehr großer Wert gelegt. Die vom Eigentümer übernommene Bauleitung kann als gut bewertet werden.

Literatur

[1] *Stadtwerke Hannover AG:* THERMIE-ALTBAU – Dokumentation der Modellprojekte (Oktober 1997); Umfassende Mobilisierung von CO_2-Reduktionspotentialen im Wohnungsgebäudebestand durch optimierte energetische Altbausanierung

37. Sanierung eines Mehrfamilienhauses in Hannover-Vahrenwald, Dörnbergstraße

Einleitung

Das Gebäude wurde 1961 erstellt und bietet Platz für 16 Familien. Anlass für Instandhaltungsarbeiten war die modernisierungsbedürftige Fassade, die Risse aufwies. Die Sanierungsarbeiten konnten ohne größere Probleme von August 1996 bis Oktober 1996 zügig durchgeführt werden [1].

Bild 1: Ansicht des Gebäudes nach Beendigung der Sanierungsarbeiten

Lage des Gebäudes

Das Mehrfamilienhaus wurde 1961 in der Dörnbergstraße 28 in Hannover-Vahrenwald erbaut. Hannover kann gemäß DIN V 4108, Teil 6, der TRY-Region 2 (Hannover) zugeordnet werden.

Zustand vor der Sanierung

Gebäude

Das Mehrfamilien-Reihenhaus umfasst 16 Wohneinheiten mit einer beheizten Gesamtnutzfläche von 604 m^2. Das anrechenbare Luftvolumen von 1.582 m^3 verteilt sich auf 4 Geschosse. Die Außenwände bestanden aus einschaligem verputztem Mauerwerk. Keller- und oberste Geschossdecke wurden in Ortbetonbauweise hergestellt. Die Fenster hatten Isolierverglasung und blieben erhalten. In Tabelle 1 sind die Wärmedurchgangskoeffizienten des Gebäudes vor der Sanierung aufgeführt.

Heizsystem

Zur Erzeugung von Heizwärme und zur Warmwasserbereitung wurden dezentrale Gas-Kombithermen und Gas-Heizkessel sowie eine gemeinsame Heizzentrale für die mittleren Wohnungen verwendet. Diese Systeme blieben auch nach der Sanierung erhalten.

Bild 2: Ansicht des Mehrfamilien-Reihenhauses vor der Sanierung

Energieverbrauch vor der Sanierung

Der rechnerische Verbrauchswert bei Normnutzung vor der Sanierung wurde zu 83,8 MWh/a bzw. 139 kWh/m²a ermittelt und liegt damit weit unter den gemessenen Werten von 120,8 MWh/a bzw. 200 kWh/m²a vor der Sanierung. In Tabelle 2 sind diese Werte dargestellt. Der Nutzungsgrad der Heizung/Warmwasserbereitung liegt bei 76 % und bleibt auch nach der Sanierung unverändert.

Sowieso-Maßnahmen

Von der Eigentümerin sowieso geplant war die Erneuerung der modernisierungsbedürftigen Fassade.

Beschreibung der energetischen Verbesserungsmaßnahmen

Das Sanierungskonzept zur energetischen Verbesserung des Gebäudes bestand aus folgenden Punkten:

- Anbringen einer Thermohaut aus 12 cm dickem Polystyrol (WLG 040) an der Außenwand. In Teilbereichen der Außenwand (z. B. Hofdurchfahrt) wurden aus Platzgründen 3 bis 8 cm dicke Polystyrol-Dämmschichten mit teilweise verbesserter Wärmeleitfähigkeit (030) verwendet
- Dämmung der Decke im Bereich Hofdurchfahrt und der Kellerdecke mit 6 cm dicken Hartschaumplatten von unten
- Dämmung der obersten Geschossdecke mit 16 cm dickem Dämmstoff (begehbar)

Tabelle 1 zeigt die Auswirkungen der Maßnahmen auf die Wärmedurchgangskoeffizienten der Hüllflächenbauteile.

Tabelle 1: Zusammenstellung der Wärmedurchgangskoeffizienten des Gebäudes vor und nach der Sanierung

Bauteil	Wärmedurchgangskoeffizient [W/m²K]	
	Vor der Sanierung	Nach der Sanierung
Außenwand	1,50	0,28
AW, 8 cm Dämmung	1,50	0,40
AW, Hofdurchfahrt	1,50	0,59
Decke, Hofdurchfahrt	1,06	0,27
Kellerdecke	1,00	0,52
Oberste Geschossdecke	0,85	0,23

Energieeinsparung

Die Verbrauchswerte wurden nach der Sanierung im Zeitraum von Juni 1996 bis Mai 1997 messtechnisch erfasst und ausgewertet. Dadurch konnte eine prozentuale Energieeinsparung von 41 % ermittelt werden. Diese ist nur geringfügig niedriger als die vorausberechnete Einsparung von 46 %. In Tabelle 2 sind die berechneten Bedarfswerte und die gemessenen Verbrauchswerte zusammengestellt.

Tabelle 2: Vergleich des Heizenergiebedarfs und des Heizenergieverbrauchs vor und nach der Sanierung

	Berechneter Bedarf		Gemessener Verbrauch	
	[MWh/a]	[kWh/m²a]	[MWh/a]	[kWh/m²a]
Vor der Sanierung	83,8	139	120,8	200
Nach der Sanierung	45,6	76	71,1	118
Einsparung in %	46		41	

Kosten

Die Gesamtkosten des Projekts liegen bei 49.650 € und gliedern sich in 20.050 € Sanierungs- und 29.600 € Energiesparkosten. Durch die finanzielle Unterstützung des Vorhabens in Höhe von 10.750 € konnten 36 % der Energiesparkosten gedeckt werden. Durch die Umlegung der Kosten gemäß Ziffer 14 auf die Mieten kam es zu den folgenden Veränderungen: Die Kaltmiete erhöhte sich um 0,47 €/(m^2 × Monat). Durch die energetischen Verbesserungen konnten die Heizkosten jedoch um 0,16 €/(m^2 × Monat) reduziert werden. Dies bedeutet, dass sich die Warmmiete um 0,31 €/(m^2 × Monat) erhöht. Bei Berücksichtigung der finanziellen Förderung reduziert sich der Betrag auf 0,15 €/(m^2 × Monat).

Kritische Bewertung

Trotz der ungünstigen Entlüftung der Bäder durch Lüftungsschächte in der Außenwand und anderer lüftungstechnischer Schwachstellen im Detailbereich kann das Gebäude insgesamt als zufriedenstellend luftdicht bezeichnet werden. Luftdichtigkeitsmessungen (Blower-Door) ergaben eine Luftwechselrate von 0,7 h^{-1}. Die Eigentümerin, die selbst im Energiesparbereich arbeitet, konnte Ergebnisse aus dem Sanierungskonzept für ihre weitere Tätigkeit nutzen.

Literatur

[1] *Stadtwerke Hannover AG:* THERMIE-ALTBAU – Dokumentation der Modellprojekte (Oktober 1997); Umfassende Mobilisierung von CO_2-Reduktionspotentialen im Wohnungsgebäudebestand durch optimierte energetische Altbausanierung

38. Sanierung eines Mehrfamilienhauses in Hannover-Linden, Petristraße

Einleitung

Das Gebäude wurde 1911 erstellt und besitzt eine Straßenfassade aus erhaltenswertem Sichtmauerwerk, die unter Denkmalschutz steht und deshalb nur optisch verbessert werden durfte. Bei den anderen Außenwänden konnten dämmtechnische Verbesserungen durchgeführt werden. Vor, während und nach den Sanierungsarbeiten (Zeitraum: April 1996 bis August 1996) wurde die Maßnahme dokumentiert, überwacht und messtechnisch erfasst [1].

Bild 1: Straßenansicht des Gebäudes nach Beendigung der Sanierungsarbeiten

Lage des Gebäudes

Das Mehrfamilienhaus wurde 1911 erbaut und befindet sich in der Petristraße 1 in Hannover-Linden. Hannover kann gemäß DIN V 4108, Teil 6, der TRY-Region 2 (Hannover) zugeordnet werden.

Zustand vor der Sanierung

Gebäude

Das Mehrfamilien-Reihenhaus umfasst 5 Geschosse mit einer beheizten Gesamtnutzfläche von 570 m^2. Das anrechenbare Luftvolumen in Höhe von 1.676 m^3 verteilt sich auf 9 Wohneinheiten. Die Außenwände bestanden aus einschaligem verputztem Mauerwerk und aus Sichtmauerwerk (Straßenfassade). Sowohl die Kellerdecke als auch die Decke im Bereich der Hofdurchfahrt waren in Ortbetonbauweise hergestellt worden. Die Dachschrägen inklusive Gaubendach hatten bereits eine 4 cm dicke Dämmung aus Holzwolle-Leichtbauplatten (HWL). Die Fenster hatten Einfachverglasung. Tabelle 1 gibt einen Überblick über die Wärmedurchgangskoeffizienten der wesentlichen Hüllflächenbauteile.

Bild 2: Straßenansicht des Mehrfamilienhauses vor der Sanierung

Heizsystem

Vor der Modernisierung wurden für Heizung und Warmwasserbereitung unterschiedliche dezentrale Systeme verwendet. Zum Einsatz kamen eine Kombitherme, ein Nachtspeicher, zwei Gaseinzelöfen und Ölradiatoren.

Energieverbrauch vor der Sanierung

Aufgrund fehlender Verbrauchsdaten für den Zeitraum vor der Sanierung wird der rechnerisch ermittelte Heizwärmebedarf von 168 MWh/a bzw. 295 kWh/m^{2}a auch als tatsächlicher Verbrauch zugrunde gelegt (siehe Tabelle 2). Der Jahresnutzungsgrad der Heizung und Warmwasserbereitung liegt bei 74 %.

Sowieso-Maßnahmen

Vom Eigentümer sowieso geplante Maßnahmen waren die optische Verbesserung der Straßenfassade und die dämmtechnische Verbesserung der restlichen Außenfassade.

Beschreibung der energetischen Verbesserungsmaßnahmen

Im Rahmen des Sanierungskonzepts für dieses Gebäude kamen folgende Maßnahmen zur Ausführung:

- Anbringen einer Thermohaut aus 12 cm dickem Polystyrol (WLG 040) an den Außenwänden zur Hofseite hin
- Dämmung der Kellerdecke mit 6 cm dicken Hartschaumplatten
- Dämmung der Decke im Bereich der Hofdurchfahrt mit 12 cm dicken Polystyrolplatten von unten
- Ergänzende Dämmung der Dachschrägen mit Mineralwolledämmung (12 cm)
- Austausch der einfachverglasten Holzfenster gegen Holzfenster mit Wärmeschutzverglasung
- Zentralisierung der Heizung und Warmwasserbereitung unter Verwendung eines Gas-Niedertemperatur-Heizkessels

Die Außenwand zur Straße blieb aus denkmalschutzrechtlichen Gründen ungedämmt und wurde nur gesäubert (sandgestrahlt) und stellenweise ausgebessert. In Tabelle 1 sind die Wärmedurchgangskoeffizienten der Hüllflächenbauteile für den Zustand vor und nach der Sanierung angegeben. Durch die Zentralisierung der Heizung und Warmwasserbereitung konnte der Jahresnutzungsgrad von 74 % auf 86 % erhöht werden.

Tabelle 1: Zusammenstellung der Wärmedurchgangskoeffizienten des Gebäudes vor und nach der Sanierung

Bauteil	Wärmedurchgangskoeffizient [W/m²K]	
	Vor der Sanierung	Nach der Sanierung
Außenwand	1,70	0,28
Decke, Hofdurchfahrt	1,07	0,27
Kellerdecke	1,07	0,54
Dachschräge	1,35	0,30
Fenster	5,2	1,6

Energieeinsparung

Die nach der Sanierung von Juni 1996 bis Mai 1997 messtechnisch erfassten Verbrauchsdaten ergaben unter Zugrundelegung des rechnerischen Bedarfs für den Zustand vor der Sanierung eine tatsächliche Einsparung von 53 %. Die vorausberechnete Einsparung belief sich auf 66 %. In Tabelle 2 sind die Werte vor und nach der Sanierung zusammengestellt.

	Berechneter Bedarf		Gemessener Verbrauch	
	MWh/a	kWh/m²a	MWh/a	kWh/m²a
Vor der Sanierung	168,0	295	168,0	295
Nach der Sanierung	57,8	101	78,9	138
Einsparung in %	46		53	

Tabelle 2: Vergleich der tatsächlichen mit den vorausberechneten Verbrauchswerten im Zustand vor und nach der Sanierung Marginalie

Kosten

Die Gesamtkosten des Projekts liegen bei 124.950 € und gliedern sich in 84.850 € Sanierungs- und 40.100 € Energiesparkosten. Durch die finanzielle Unterstützung des Vorhabens in Höhe von 13.250 € konnten 33 % der Energiesparkosten gedeckt werden. Durch die Umlegung der Kosten gemäß Ziffer 14 auf die Mieten kam es zu den folgenden Veränderungen: Die Kaltmiete erhöhte sich um 1,18 €/(m²× Monat). Durch die energetischen Verbesserungen konnten die Heizkosten jedoch um 0,48 €/(m²× Monat) reduziert werden. Dies bedeutet, dass sich die Warmmiete um 0,70 €/(m²× Monat) erhöht. Bei Berücksichtigung der finanziellen Förderung reduziert sich der Betrag auf 0,47 €/(m²× Monat).

Kritische Bewertung

Durch eine tägliche sorgfältige Bauüberwachung und Koordinierung des Eigentümers konnte eine gute Bauausführung gewährleistet werden. Insbesondere die Thermohaut wurde zum Hof und zur Durchfahrt nahezu wärmebrückenfrei ausgeführt. Durch eine Mieterbefragung konnte festgestellt werden, dass eine deutliche Wohnkomfortsteigerung wahrgenommen wurde und der optische Eindruck des Gebäudes sich verbessert hat. Allerdings werden die durch die Sanierung entstandenen laufenden Kosten als unangemessen empfunden.

Literatur

[1] *Stadtwerke Hannover AG:* THERMIE-ALTBAU – Dokumentation der Modellprojekte (Oktober 1997); Umfassende Mobilisierung von CO_2-Reduktionspotentialen im Wohnungsgebäudebestand durch optimierte energetische Altbausanierung.

39. Sanierung eines Mehrfamilienhauses in Hannover-Nordstadt, Engelbosteler Damm 106

Einleitung

Das freistehende Gebäude wurde 1900 erbaut. Der Eigentümer betreibt dort ein kleines Gewerbe und nahm die Modernisierung als Anlass, das Gebäude neu zu gestalten. Dabei kam es auch im Zuge der Sanierungsmaßnahmen zur Aufstokkung und zum Ausbau des Dachgeschosses. Die Sanierungsarbeiten dauerten von Juni 1996 bis Dezember 1996 und wurden von den Stadtwerken dokumentarisch begleitet. Daran anschließend wurden die Verbrauchswerte messtechnisch erfasst [1].

Lage des Gebäudes

Das Mehrfamilienhaus wurde 1900 im Engelbosteler Damm 106 in Hannover-Nordstadt erstellt. Hannover kann gemäß DIN V 4108, Teil 6, der TRY-Region 2 (Hannover) zugeordnet werden.

Bild 1: Ansicht des Gebäudes nach Beendigung der Sanierungsarbeiten

Zustand vor der Sanierung

Gebäude

Das freistehende Mehrfamilienhaus umfasst 3 Geschosse und 6 Wohneinheiten mit einer beheizten Nutzfläche von 260 m² und einem anrechenbaren Luftvolumen von 806 m³. Die Straßenfassade und der Giebel bestanden aus einschaligem verputztem Mauerwerk, die Rückfassade aus Sichtmauerwerk. Die Kellerdecke war in Ortbetonbauweise hergestellt worden. Alle Fenster hatten Isolierverglasung. Tabelle 1 zeigt die Wärmedurchgangskoeffizienten der entsprechenden Bauteile.

Heizsystem

Die 6 Wohneinheiten wurden auf unterschiedliche Weise dezentral mit Heizenergie und Warmwasser versorgt. Zwei Wohnungen wurden mit Ölöfen beheizt und bei zwei anderen Wohneinheiten wurden Kohleöfen verwendet. Die restlichen beiden Wohnungen waren mit Nachtspeicheröfen ausgestattet. Die Warmwasserbereitung erfolgte in allen Wohnungen elektrisch.

Bild 2: Ansicht des Gebäudes während der Um- und Anbaumaßnahmen im Erdgeschoss

Energieverbrauch vor der Sanierung

Für den Zeitraum vor der Sanierung konnten keine Verbrauchsdaten ermittelt werden. Deshalb muss der mit einem Energiebilanzierungsmodell berechnete Heizwärmebedarf von 87,4 MWh/a bzw. 336 kWh/m²a zugrunde gelegt werden. Der Jahresnutzungsgrad der Heizung und Warmwasserbereitung lag bei 74 %.

Sowieso-Maßnahmen

Vom Eigentümer sowieso geplante Baumaßnahmen waren:

- Neugestaltung des Gebäudes, um einen Verkaufsstand im Erdgeschoss zu integrieren
- Dachgeschossaufstockung und Ausbau zu Wohnzwecken

Beschreibung der energetischen Verbesserungsmaßnahmen

Das Sanierungskonzept für dieses Gebäude bestand aus folgenden Punkten:

- Anbringen einer Thermohaut aus 12 cm dickem Polystyrol (WLG 040) an der Außenwand
- Dämmung der Kellerdecke mit 6 cm dicken Hartschaumplatten
- Zentralisierung der Heizung und Warmwasserbereitung mit Gas-Brennwerttechnik

Durch den Dachausbau und den direkt an die Südfassade angrenzenden Neubau des Nachbargebäudes wird der Wärmeverlust des gesamten Gebäudes vermindert (Puffereffekt). Der Ausbau des Dachgeschosses gilt in diesem Zusammenhang als Neubaumaßnahme und wird nicht als Sanierung gewertet.

Tabelle 1: Zusammenstellung der Wärmedurchgangskoeffizienten des Gebäudes vor und nach der Sanierung

Bauteil	Wärmedurchgangskoeffizient [W/m²K]	
	Vor der Sanierung	Nach der Sanierung
Außenwand	1,60	0,28
Kellerdecke	1,07	0,54

Durch den Einbau eines zentralen Gas-Brennwertkessels mit Warmwasserbereitung konnte der Nutzungsgrad von 74 % auf 92 % erhöht werden.

Energieeinsparung

Bis zum damaligen Zeitpunkt lagen noch nicht genügend verwertbare Verbrauchsdaten und Messergebnisse zur Ermittlung der tatsächlichen Verbräuche nach der Sanierung vor. Es ist daher nur ein Vergleich mit den berechneten Werten möglich. Der Heizenergiebedarf liegt bei 87,4 MWh/a bzw. 336 kWh/m²a vor der Sanierung und 18,8 MWh/m^2a bzw. 72 kWh/m^2a nach der Sanierung. Die rechnerische Einsparung liegt somit bei 78 %.

Kosten

Die Gesamtkosten des Projekts liegen bei 57.500 € und gliedern sich in 33.850 € Sanierungs- und 23.650 € Energiesparkosten. Durch die finanzielle Unterstützung des Vorhabens in Höhe von 10.250 € konnten 43 % der Energiesparkosten gedeckt werden. Durch die Umlegung der Kosten gemäß Ziffer 14 auf die Mieten kam es zu den folgenden Veränderungen: Die Kaltmiete erhöhte sich um 1,04 €/($m^2 \times$ Monat). Durch die energetischen Verbesserungen konnten die Heizkosten jedoch um 0,66 €/($m^2 \times$ Monat) reduziert werden. Dies bedeutet, dass sich die Warmmiete um 0,38 €/($m^2 \times$ Monat) erhöht. Bei Berücksichtigung der finanziellen Förderung reduziert sich der Betrag auf 0,02 €/($m^2 \times$ Monat).

Kritische Bewertung

Ein in den oberen Wohnungen durchgeführter Blower-Door-Test deckte Luftundichtigkeiten an den Wohnungstürschwellen, dem Fensterblendrahmen zum Mauerwerk und am Dachflächenfenster auf. Der Mittelwert von drei gemessenen Wohnungen lag bei einem Luftwechsel von 2,9 h^{-1} (bei 50 Pa) mit Abkleben großer Schwachstellen (z. B. Wohnungstürschwellen). Bei Messung der Luftdichtigkeit ohne Abkleben konnte ein wesentlich höherer Mittelwert von 3,9 h^{-1} ermittelt werden. Luftwechselzahlen dieser Größenordnung sind gemäß DIN 4108, Teil 7 bei Gebäuden mit natürlicher Lüftung unangemessen hoch.
Altbau und angebauter Neubau wurden durch denselben Bauträger ständig überwacht, so dass die Koordinierung und Bauabwicklung der durchgeführten Maßnahmen äußerst positiv zu bewerten ist.

Literatur

[1] *Stadtwerke Hannover AG:* THERMIE-ALTBAU – Dokumentation der Modellprojekte (Oktober 1997); Umfassende Mobilisierung von CO_2-Reduktionspotentialen im Wohnungsgebäudebestand durch optimierte energetische Altbausanierung.

40. Modellhafte wärmetechnische Sanierung eines Einfamilienhauses in Darmstadt, Am Erlenberg

Einleitung

Das Einfamilienhaus wurde 1951 auf den Grundmauern einer im Krieg zerstörten Gründerzeitvilla erbaut. Im Zuge der 1991 und 1992 durchgeführten Sanierung waren so weitreichende Umbau- und Modernisierungsmaßnahmen geplant, dass sich eine umfassende wärmetechnische Sanierung anbot. Nach der Sanierung wurden im Auftrag des Hessischen Ministeriums für Umwelt, Energie, Jugend, Familie und Gesundheit die Verbrauchsdaten für Heizung, Warmwasser und Strom drei Jahre lang aufgezeichnet und ausgewertet [1].

Bild 1: Ansicht des Gebäudes nach Beendigung der Sanierungsarbeiten

Lage des Gebäudes

Das Einfamilienhaus wurde 1951 in der Straße Am Erlenberg 14 in Darmstadt erstellt. Darmstadt kann gemäß DIN V 4108, Teil 6, der TRY-Region 12 (Frankfurt/Main) zugeordnet werden.

Zustand vor der Sanierung

Gebäude

Das Einfamilienhaus umfasst drei Geschosse mit einer beheizten Gesamtnutzfläche von 226 m². Die Außenwände bestanden aus 36,5 cm starkem Vollziegelmauerwerk und die Kellerdecke war in Form eines gemauerten Kappengewölbes ausgeführt worden. Der alte Dachstuhl wurde wegen Schädlingsbefall in den Gauben und aufgrund konstruktiver Belange im Zuge der Modernisierung komplett erneuert. Die Fenster hatten Einfachverglasung. In Tabelle 1 sind die Wärmedurchgangskoeffizienten der Hüllflächenbauteile vor der Sanierung zusammengestellt.

Bild 2: Ansicht des Einfamilienhauses vor der Sanierung

Heizsystem

Die Erzeugung und Versorgung des Gebäudes mit Heizwärme und Warmwasser erfolgte zentral durch eine 15 Jahre alte Ölheizung (Leistung: 34 kW) im Keller. Die einzelnen Räume waren mit Rippenheizkörpern ausgestattet.

Energieverbrauch vor der Sanierung

Für die Zeit vor der Sanierung lagen keine gemessenen Verbrauchswerte vor. Deshalb wurde der spezifische Heizenergiebedarf mit einem Wärmebilanzprogramm zu 310 kWh/m^{2}a berechnet.

Bild 3: Darstellung der Grundrisse (EG, OG und DG)

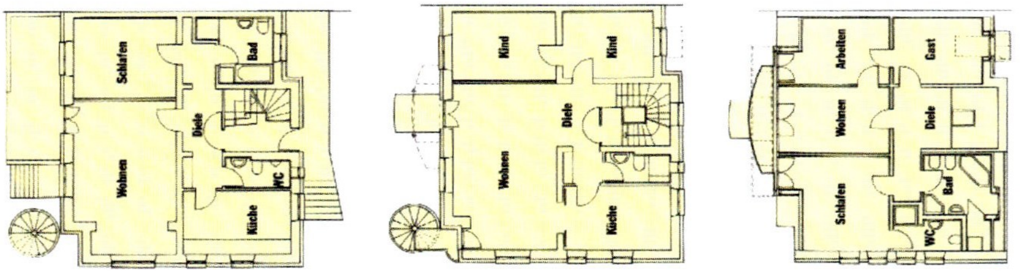

Sowieso-Maßnahmen

Folgende Maßnahmen waren ohnehin geplant:

- Erneuerung des Dachstuhls
- Umbau des Dachgeschosses
- Fenstererneuerung

Beschreibung der energetischen Verbesserungsmaßnahmen

Im Bereich der energetischen Sanierung kamen folgende Maßnahmen zur Ausführung:

- Anbringen eines Wärmedämmverbundsystems aus 15 cm dicken Polystyrol-Hartschaumplatten und einem mineralischen Außenputz an der Außenwand
- Dämmung des neuen Dachstuhls im Bereich der Dachschrägen mit einer 28 cm dicken Schicht aus Zellulose-Dämmstoff zwischen den Sparren
- Dämmung der Kellerdecke mit 15 cm dicken Polystyrol-Hartschaumplatten von unten. Gleichzeitig wurde der Kellersockel mit Steinwolle gedämmt und mit hinterlüfteten Granitplatten verblendet
- Austausch der einfachverglasten Fenster gegen Holzfenster mit Wärmeschutzverglasung (k-Wert: 1,5 W/m^{2}K). Klappläden aus Holz können von innen geschlossen und festgestellt werden
- Austausch der Ölheizung gegen einen Gas-Brennwertkessel mit 11 kW Leistung und Anschluss an einen Warmwasserspeicher mit 350 l Fassungsvermögen, der mit einer Solaranlage gekoppelt ist. Die Solaranlage besteht aus Flachkollektoren mit einer Kollektorfläche von ca. 8 m^2, die auf dem nach Süden ausgerichteten Dachabschnitt angebracht wurden

- Ersetzen der alten Rippenheizkörper im EG und 1. OG durch Niedertemperatur-Heizkörper (Radiatoren)
- Einbau eines Wandheizungssystems im Dachgeschoss
- Ausstattung der Bäder mit Fußbodenheizungen
- Einbau eines Lüftungssystems zur Minimierung der Wärmeverluste durch unkontrollierte Fensterlüftungen. Dabei kam ein Erdreich-Wärmetauscher und ein Kreuzstrom-Wärmetauscher zum Einsatz. Die verbrauchte Luft wird über Tellerventile abgesaugt

Durch die im Zuge der Modernisierung vorgenommenen umfassenden Umbaumaßnahmen vergrößerte sich die Wohnfläche von 226 m^2 auf 239 m^2. Tabelle 1 gibt einen Überblick über die Veränderungen der Wärmedurchgangskoeffizienten der Hüllflächenbauteile im Vergleich zum Ausgangszustand.

Bauteil	Wärmedurchgangskoeffizient [W/m^2K]	
	Vor der Sanierung	Nach der Sanierung
Außenwand	1,37	0,22
Dach	1,35	0,17
Kellerdecke	1,21	0,23
Fenster	5,2	1,5

Tabelle 1: Zusammenstellung der Wärmedurchgangskoeffizienten des Gebäudes vor und nach der Sanierung.

Die anlagentechnischen Modernisierungsmaßnahmen sind in Bild 4 nochmals schematisch dargestellt.

Energieeinsparung

Für die Jahre 1993 bis 1995 wurden die Verbrauchswerte messtechnisch erfasst und ausgewertet. Aus diesen Verbrauchsdaten ergab sich ein durchschnittlicher Heizwärmeverbrauch von 80 kWh/m^2a. Dieser ermittelte Wert liegt um ca. 50 % über dem vorausberechneten Heizwärmebedarf von 52 kWh/m^2a nach der Sanierung. Die Verluste des Kessels und der Rohrverteilung lagen bei ca. 8 kWh/m^2a. Der Jahresnutzungsgrad des Kessels hatte nach der Sanierung im

	Berechneter Bedarf	Gemessener Verbrauch
	kWh/m^2a	kWh/m^2a
Vor der Sanierung	310	310
Nach der Sanierung	52	80
Einsparung in %	83	74

Tabelle 2: Vergleich der tatsächlichen mit den vorausberechneten Verbrauchswerten im Zustand vor und nach der Sanierung

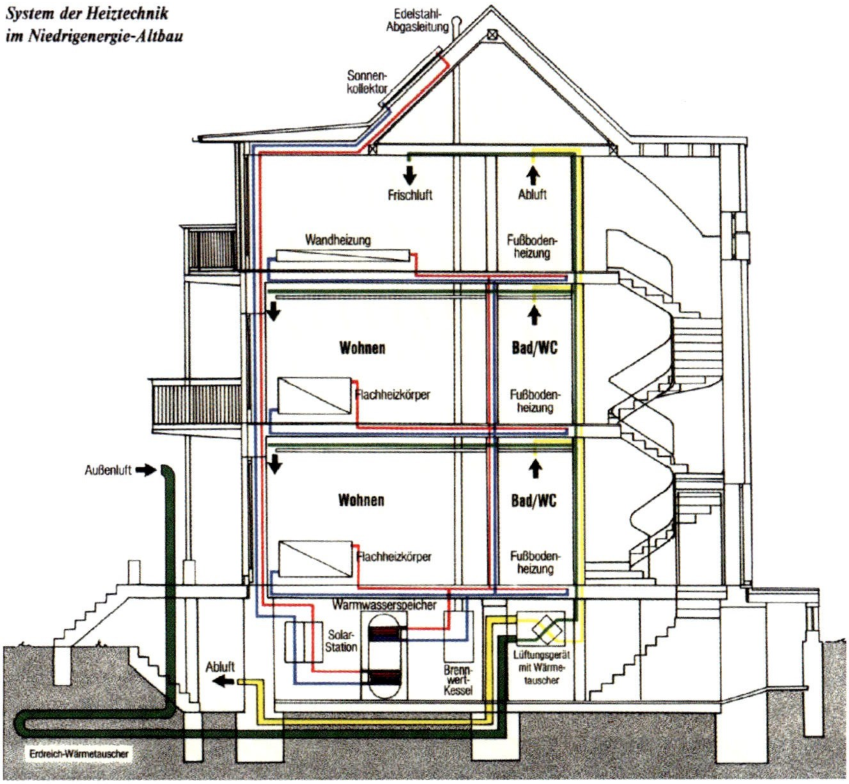

Bild 4: Darstellung der Heizungs- und Lüftungstechnik

Winter einen monatlichen Höchstwert von 98 %, im Sommer einen Tiefstwert von 78 % und lag durchschnittlich bei 92 %. In Tabelle 2 sind die Verbrauchswerte vor und nach der Sanierung zusammengestellt.

Kosten

Ziel der Modernisierungsmaßnahme war es, das Gebäude auf Niedrigenergiehaus-Standard im Altbau (< 70 kWh/m²a) zu bringen. Dazu waren Mehrkosten in Höhe von rund 50.000 € notwendig. Wohnflächenbezogen sind dies ca. 220 €/m².

Kritische Bewertung

Die große Abweichung zwischen berechnetem Heizwärmebedarf von 52 kWh/m²a und gemessenem Heizwärmeverbrauch von 80 kWh/m²a ist nicht zufriedenstellend, aber durch dämmtechnische Schwachpunkte im Bereich Außenhülle

und Heizungs- und Lüftungstechnik plausibel erklärbar. Außerdem konnten durch eine im September 1992 durchgeführte Luftdichtigkeitsmessung (Blower-Door-Test) Hinweise auf Mängel in der Bauausführung bezüglich der Dichtigkeit der Gebäudehülle gefunden werden. Es wurde bei den Dichtigkeitsmessungen ein Mittelwert von 2,9 h^{-1} ermittelt. Demzufolge war das Gebäude zum Zeitpunkt der Messungen als nicht sehr dicht zu bezeichnen.
Insgesamt konnte der Energieverbrauch für die Raumheizung um etwa 75 %, der für die Warmwasserbereitung um etwa 25 % gesenkt werden. Damit bestätigten sich die in verschiedenen Studien nachgewiesenen hohen Energiesparpotentiale im Gebäudebestand.

Literatur

[1] *Loga, T.; Müller, K.; Born, R.; Hatteh, R.:* Modellprojekt Wärmetechnische Altbausanierung Am Erlenberg / Darmstadt; Abschlussbericht des Instituts Wohnen und Umwelt GmbH für das Hessische Ministerium für Umwelt, Energie, Jugend, Familie und Gesundheit (Dezember 1997).

41. Vergleichende Analyse der betrachteten Wohngebäude

In den Einzelbeschreibungen der Gebäude sind die durchgeführten Maßnahmen, die Heizenergieeinsparung sowie die Kosten und die Wirtschaftlichkeit beschrieben. Jedem Objekt lagen bei der Sanierung individuelle Voraussetzungen zugrunde. Daher hatte jede Sanierung ihren eigenen Verlauf. Für künftige Gebäudesanierungen ist jedoch von Interesse, in welchem Spektrum sich die zu erwartende Heizenergieeinsparung bewegt, welche Kosten verursacht werden und ferner innerhalb welcher Zeit die Aufwendungen sich amortisieren. Diese Fragestellungen können durch den Quervergleich der zusammengestellten Objekte beantwortet werden.

Standorte der Gebäude und gebäudespezifische Kenndaten

Die 40 beschriebenen Gebäude, zusammengestellt in Tabelle 1, sind aus unterschiedlichen Forschungsvorhaben hervorgegangen. Die Sanierung der Gebäude 1 bis 6 wurde im Auftrag des Wirtschaftsministeriums Baden-Württemberg wissenschaftlich begleitet und ausgewertet. Die Gebäude umfassen 8 bis 32 Wohneinheiten und weisen 3 bis 8 Geschosse auf. Die Erstellung der Gebäude erfolgte zwischen 1955 und 1967.

In der Zeit zwischen 1991 und 1998 förderte das Bundesministerium für Bildung, Forschung und Technologie unter administrativer Begleitung des Projektträgers Jülich das Vorhaben „Modellhafte Sanierung von Typenbauten“. Im Rahmen dieses Vorhabens ist die wissenschaftliche Begleitung der Sanierung der Gebäude 7 bis 13 durchgeführt worden. Bei den untersuchten Wohnungen handelt es sich um große Mehrfamilienwohnhäuser mit 4 bis 10 Geschossen, die zwischen 45 und 120 Wohnungen umfassen. Die Gebäude wurden zwischen 1969 und 1983 errichtet

Im Versorgungsgebiet der Stadtwerke Hannover wurden zwischen 1994 und 1997 an einer großen Zahl von Wohngebäuden umfassende energetische Sanierungen durchgeführt. Das Modellvorhaben wurde im Rahmen des Programms THERMIE-ALTBAU von der Europäischen Union unterstützt. Die Gebäude 14 bis 39 gehen aus diesem Programm hervor. Es handelt sich um Wohngebäude mit 4 bis 42 Wohnungen, mit einer Geschosszahl von 2 bis $5\frac{1}{2}$. In etwa der Hälfte der Wohnungen ist das Dach ausgebaut. Die Gebäude sind zwischen 1890 und 1971 erstellt worden.

Die Begleitforschung des Einfamilien-Wohngebäudes 40 wurde vom Land Hessen gefördert und vom Institut Wohnen und Umwelt, Darmstadt durchgeführt.

Aus der Tabelle 1 ist zu ersehen, dass das älteste Gebäude 1890 und das jüngste Gebäude 1983 erstellt wurde. Die Geschosszahl variiert zwischen 3 und 10 Geschossen. Die Zahl der Wohneinheiten bewegt sich zwischen einer Wohnung und 120 Wohnungen je Gebäude. Entsprechend der Zahl der Wohnungen verhält sich auch das beheizte Luftvolumen und die beheizte Nutzfläche.

Tabelle 1: Zusammenstellung der gebäudespezifischen Kenndaten der betrachteten Wohngebäude

Gebäude	Gebäudestandort	Straße	Baujahr	
1	Villingen-Schwenningen	Offenburger Straße 7–11	1957	
2	Heilbronn	Schellingstraße 18–20	1959	
3	Gärtringen	Langestraße 7–9	1967	
4	Heilbronn	Bismarkstraße 74	1955	
5	Schwäbisch-Gmünd	Heinrich-Steimle-Weg 12–16	1956	
6	Villingen-Schwenningen	Am Warenberg 34	1967	
7	Weimar	Ludwig-Feuerbach-Straße 10–18	1969	
8	Berlin-Marzahn	Wuhlestraße 9–13	1983	
9	Cottbus	Rostocker Straße 25–32	1974	
10	Hoyerswerda	Löfflerstraße 11–16	1965	
11	Friedland	Wollweberstraße 47–50	1980	
12	Berlin-Mitte	Schmidstraße 5/7	1970	
13	Merseburg	Klobikauer Straße	1974	
14	Hannover-Döhren	Isarstraße 3–7	1955	
15	Hannover-Linden	Albertstraße 26	1910	
16	Hannover-Linden	Von Alten Allee 14	1957	
17	Hannover-Linden	Wittekindstraße 8	1914	
18	Hannover-Mitte	Kerstnerstraße 32 A	1900	
19	Hannover-Herrenhausen	Schaumburgstraße 4	1900	
20	Hannover-Nordstadt	Rehbockstraße 3	1914	
21	Hannover-Ricklingen	Bangemannweg 6	1958	
22	Hannover-Langenhagen	Taunusweg 8	1957	
23	Hannover-Stahlkamp	Hängewiesen 118, 118 A, 118 B	1960	
24	Hannover-Linden-Nord	Fössestraße 47	1900	
25	Hannover-Misburg	Hartmannstraße 4/6	1953	
26	Hannover-Linden-Süd	Wesselstraße 12	1955	
27	Hannover-Mitte	Berliner Allee 55	1956	
28	Hannover-Kleefeld	Hegelstraße 15	1904	
29	Hannover-Nordstadt	Heisenstraße 29	1890	
30	Hannover-Linden	Kochstraße 7 A	1895	
31	Hannover-Linden	Kochstraße 7	1895	
32	Hannover-Nordstadt	Engelbosteler Damm 102	1910	
33	Hannover-Vahrensheide	Dresdener Straße 30–38	1962	
34	Hannover-Ricklingen	Göttinger Chaussee 165	1958	
35	Hannover-Limmer	Sackmannstraße 38–40	1971	
36	Hannover-Nordstadt	Kopernikusstraße 6	1953	
37	Hannover-Vahrenwald	Dörnbergstraße 28	1961	
38	Hannover-Linden	Petristraße 1	1911	
39	Hannover-Nordstadt	Engelbosteler Damm 106	1900	
40	Darmstadt	Am Erlenberg 14	1951	

* *In der Dokumentation keine Werte angegeben*

	Geschosse	Wohneinheiten	Beheiztes Luftvolumen [m³]	Beheizte Nutzfläche [m²]
	3	18	3470	1110
	3	9	2219	710
	8	32	8769	2806
	4	8	1562	500
	4	18	3015	965
	3	12	3161	1011
	5	50	*	2735
	10	117	*	5794
	5	80	*	4353
	4	72	*	2850
	5	45	*	2349
	10	120	*	6[illegible]68
	5	70	*	3939
	3	18	2835	1134
	4	8	1190	408
	3	7	1086	438
	4	6	2244	680
	3	6	1122	340
	4	8	1245	415
	3½	8	1101	367
	3½	5	1200	472
	3½	6	1050	420
	2	12	1715	686
	3½	8	1220	412
	2½	11	1940	732
	3½	11	1507	609
	5½	11	2100	700
	3½	4	1290	397
	2½	5	465	171
	4½	10	1602	529
	4½	9	1533	506
	3½	8	1191	418
	3	30	3900	1560
	3	18	2481	973
	3	42	4988	1995
	4	6	1581	527
	4	16	1582	604
	5	9	1676	570
	3	6	806	260
	3	1	*	226

Werden die betrachteten Gebäude entsprechend ihrer Größe klassifiziert, so ist aus Tabelle 2 zu erkennen, dass sich in der Klasse „7 bis 9 Wohnungen“ und in der Klasse „mehr als 18 Wohnungen“ jeweils 10 Wohngebäude befinden. Die Klasse der kleinen Gebäude mit 1 bis 3 Wohnungen ist mit nur einem Gebäude unterrepräsentiert. Über $^{2}/_{3}$ der betrachteten Gesamtnutzfläche stellen die Wohngebäude mit über 18 Wohnungen dar. Die Betrachtung des im Bild 1 dargestellten Baualters zeigt, daß 13 Gebäude vor 1918 und 4 Gebäude zwischen 1972 und 1983 erstellt wurden. 12 weitere Gebäude befinden sich in der Altersklasse 1949 bis 1957 und 11 in der Altersklasse 1958 bis 1971. Mit Baujahr 1919 bis 1948 liegt kein Gebäude vor.

Tabelle 2: Anzahl der Wohngebäude sowie Gesamtsumme der Gebäudenutzfläche je Gebäudegröße

Wohnungen je Gebäude	Anzahl der Wohngebäude	Gesamtnutzfläche	
		m²	%
1 bis 3	1	226	0,4
4 bis 6	8	3.267	6,3
7 bis 9	10	4.744	9,2
10 bis 12	6	4.267	8,2
13 bis 18	5	4.687	9,1
mehr als 18	10	28.381	66,8
Summe	40	45.572	100

Durchgeführte Sanierungsmaßnahmen

Die Planung der Sanierungsmaßnahmen war jeweils abhängig vom Ist-Zustand des Gebäudes und von den Vorstellungen und Wünschen sowie der Investitionsbereitschaft des Gebäudebesitzers. Die den Heizenergieverbrauch beeinflussenden Maßnahmen betreffen im Wesentlichen die Gebäudehülle, die Heizanlage und in einigen Fällen die Lüftungsanlage. Tabelle 3 zeigt, dass in 98 % der untersuchten Gebäude eine Verbesserung des Wärmedurchgangskoeffizienten der Außenwand vorgenommen wurde. Lagen die k-Werte vor der Sanierung zwischen 1,0 W/m²K und 1,8 W/m²K, so konnten sie auf 0,2 W/m²K bis 0,5 W/m²K durch äußere Aufbringung von Wärmedämmverbundsystemen reduziert werden. Bei der überwiegenden Zahl der Gebäude (88 %) wurde die Wärmedämmung der Kellerdecke erhöht. Ausgehend von k-Werten zwischen 0,8 W/m²K bis 2,2 W/m²K erfolgte durch eine 4 cm bis 6 cm dicke Zusatzdämmung von der Deckenunterseite eine Verbesserung auf den mittleren Wert von 0,51 W/m²K. Bei 60 % wurde die oberste Geschossdecke und bei 35 % das Dach gedämmt. Die k-Werte lagen zwischen 0,5 und 2,1 W/m²K vor der Sanierung und konnten durch die Sanierung auf 0,2 W/m²K bis 0,4 W/m²K abgesenkt

Bauteil	Anteil aller Gebäude, bei denen Verbesserungen der Bauteile durchgeführt wurden	Durchschn. Wärmedurchgangskoeffizient				Prozentuale Verbesserung des k-Wertes
		Vorher		Nachher		
		Bereich	Mittelwert	Bereich	Mittelwert	
	%	W/m²K	W/m²K	W/m²K	W/m²K	%
Außenwand	98	1,0 bis 1,8	1,49	0,2 bis 0,5	0,32	78
Kellerdecke	88	0,8 bis 2,2	1,15	0,2 bis 1,0	0,51	56
Oberste Geschossdecke	60	0,5 bis 2,1	1,00	0,2 bis 0,4	0,24	76
Dach	35	0,6 bis 2,1	1,45	0,2 bis 0,4	0,23	84
Fenster	78	2,4 bis 5,2	4,15	1,3 bis 1,8	1,53	63
Heizung	73	–	–	–	–	–
Lüftung	18	–	–	–	–	–

Tabelle 3: Zusammenstellung der Wärmedurchgangskoeffizienten der untersuchten Wohngebäude vor und nach der Sanierung

werden. In 78 % der Fälle erfolgte ein Austausch der Fenster. Viele Gebäude waren noch mit einfachverglasten Fenstern ausgestattet. Die k-Werte der neu eingebauten Verglasungen bewegen sich im Bereich zwischen 1,3 W/m²K und 1,8 W/m²K. Im Zuge der Sanierung erfolgte eine mittlere Reduzierung der Wärmedurchgangskoeffizienten der einzelnen Hüllflächenbauteile von 56 % bei der Kellerdecke bis 84 % beim Dach. Bei etwa 73 % der Gebäude erfolgten auch Maßnahmen an der Heizung. Die durchgeführten Maßnahmen betreffen im Wesentlichen den Ersatz von Einzelöfen durch eine zentrale Heizanlage, den Austausch veralteter Kessel sowie die Umstellung auf Gas-Brennwert-Technik. Im Rahmen der Sanierungsmaßnahmen erfolgte in einigen Gebäuden die Installation einer mechanischen Lüftungsanlage.

Gegenüberstellung der Heizwärme- und Heizenergieverbräuche

Die Reduzierung des Energieverbrauchs hängt neben den durchgeführten Maßnahmen an der Gebäudehülle und der Heizanlage auch wesentlich vom Nutzerverhalten ab. Dies wurde jedoch nur bei wenigen Gebäuden im Rahmen der Messphase dokumentiert und wird daher nicht weiter dargelegt. Von allen betrachteten Gebäuden, mit Ausnahme der Objekte 35, 36 und 39 liegen jedoch der Energiebedarf und der Energieverbrauch für die Beheizung vor und nach der Sanierung vor, denn dies war für die Auswahl der zu untersuchenden Gebäude ein wesentliches Kriterium. In Tabelle 4 sind die Werte zusammengestellt. Von den Gebäuden 1 und 2 sowie 7 und 40 wurde mit dem Anlagenwirkungsgrad aus der meßtechnisch ermittelten Heizwärme die Heizenergie berechnet. Inwieweit bei den weiteren Vorhaben Kesselwirkungsgrade berücksichtigt sind, konnte anhand der Dokumentationen nicht eindeutig nachvollzogen werden.

Tabelle 4: Berechneter Heizenergiebedarf und gemessener Heizenergieverbrauch für die Beheizung der betrachteten Wohngebäude

Gebäude	Gebäudestandort	Straße	Berechneter Bedarf [kWh/	
			Vor der Sanierung	
1	Villingen-Schwenningen	Offenburger Straße 7–11	232	
2	Heilbronn	Schellingstraße 18–20	234	
3	Gärtringen	Langestraße 7–9	164	
4	Heilbronn	Bismarkstraße 74	223	
5	Schwäbisch-Gmünd	Heinrich-Steimle-Weg 12–16	241	
6	Villingen-Schwenningen	Am Warenberg 34	211	
7	Weimar	Ludwig-Feuerbach-Straße 10–18	212	
8	Berlin-Marzahn	Wuhlestraße 9–13	183	
9	Cottbus	Rostocker Straße 25–32	206	
10	Hoyerswerda	Löfflerstraße 11–16	224	
11	Friedland	Wollweberstraße 47–50	206	
12	Berlin-Mitte	Schmidstraße 5/7	183	
13	Merseburg	Klobikauer Straße	261	
14	Hannover-Döhren	Isarstraße 3–7	188	
15	Hannover-Linden	Albertstraße 26	309	
16	Hannover-Linden	Von Alten Allee 14	162	
17	Hannover-Linden	Wittekindstraße 8	219	
18	Hannover-Mitte	Kerstnerstraße 32 A	282	
19	Hannover-Herrenhausen	Schaumburgstraße 4	346	
20	Hannover-Nordstadt	Rehbockstraße 3	271	
21	Hannover-Ricklingen	Bangemannweg 6	223	
22	Hannover-Langenhagen	Taunusweg 8	173	
23	Hannover-Stahlkamp	Hängewiesen 118, 118 A, 118 B	220	
24	Hannover-Linden-Nord	Fössestraße 47	318	
25	Hannover-Misburg	Hartmannstraße 4/6	165	
26	Hannover-Linden-Süd	Wesselstraße 12	146	
27	Hannover-Mitte	Berliner Allee 55	158	
28	Hannover-Kleefeld	Hegelstraße 15	188	
29	Hannover-Nordstadt	Heisenstraße 29	357	
30	Hannover-Linden	Kochstraße 7 A	270	
31	Hannover-Linden	Kochstraße 7	241	
32	Hannover-Nordstadt	Engelbosteler Damm 102	302	
33	Hannover-Vahrensheide	Dresdener Straße 30–38	282	
34	Hannover-Ricklingen	Göttinger Chaussee 165	154	
37	Hannover-Vahrenwald	Dörnbergstraße 28	139	
38	Hannover-Linden	Petristraße 1	295	
40	Darmstadt	Am Erlenberg 14	310	
Mittelwert	–	–	230	

	…chneter Bedarf [kWh/m²a]	Gemessener Verbrauch [kWh/m²a]		Prozentuale Einsparung [%]	
	Nach der Sanierung	Vor der Sanierung	Nach der Sanierung	Berechnet	Gemessen
	69	154	60	70	61
	86	142	64	63	55
	88	161	103	46	36
	82	203	111	63	45
	68	232	133	72	43
	103	239	138	51	42
	80	215	90	62	58
	83	181	96	55	47
	103	184	102	50	45
	104	319	158	54	50
	103	275	63	50	77
	83	217	72	55	67
	114	189	96	56	49
	62	211	79	67	63
	66	192	93	79	52
	70	203	125	57	38
	88	165	86	60	48
	119	190	116	58	39
	96	346	145	72	58
	134	425	169	51	60
	130	198	129	42	35
	74	251	136	57	46
	86	220	138	61	37
	64	318	127	80	60
	96	188	151	42	20
	73	179	110	50	39
	83	141	92	47	35
	116	188	131	38	30
	126	357	130	65	64
	63	270	82	77	70
	69	241	94	71	61
	76	302	127	75	58
	73	282	108	74	62
	72	154	120	53	22
	76	200	118	45	4[illegible]
	101	295	138	66	56
	57	310	87	82	72
	87	231	111	62	52

Tabelle 5: Heizkostenersparnis und Kosten der energetischen Maßnahmen sowie Amortisationszeit für die betrachteten Wohngebäude

Gebäude	Gebäudestandort	Beheizte Nutzfläche	Gemessener Energieverbrauch		Eingesparte Heizenerg
			Vor der Sanierung	Nach d. Sanierung	
		m^2a	kWh/m^2a	kWh/m^2a	kWh/m^2a
1	Villingen-Schwenningen	1110	154	60	94
2	Heilbronn	710	142	64	78
3	Gärtringen	2806	161	103	58
4	Heilbronn	500	203	111	92
5	Schwäbisch-Gmünd	965	232	133	99
6	Villingen-Schwenningen	1011	239	138	101
7	Weimar	2735	215	90	125
8	Berlin-Marzahn	5794	181	96	85
9	Cottbus	4353	184	102	82
10	Hoyerswerda	2850	319	158	161
11	Friedland	2349	275	63	212
12	Berlin-Mitte	6168	217	72	145
13	Merseburg	3939	189	96	93
14	Hannover-Döhren	1134	211	79	132
15	Hannover-Linden	408	192	93	99
16	Hannover-Linden	438	203	125	78
17	Hannover-Linden	680	165	86	79
18	Hannover-Mitte	340	190	116	74
19	Hannover-Herrenhausen	415	346	145	201
20	Hannover-Nordstadt	367	425	169	256
21	Hannover-Ricklingen	472	198	129	69
22	Hannover-Langenhagen	420	251	136	115
23	Hannover-Stahlkamp	686	220	138	82
24	Hannover-Linden-Nord	412	318	127	191
25	Hannover-Misburg	732	188	151	37
26	Hannover-Linden-Süd	609	179	110	69
27	Hannover-Mitte	700	141	92	49
28	Hannover-Kleefeld	397	188	131	57
29	Hannover-Nordstadt	171	357	130	227
30	Hannover-Linden	529	270	82	188
31	Hannover-Linden	506	241	94	147
32	Hannover-Nordstadt	418	302	127	175
33	Hannover-Vahrensheide	1560	282	108	174
34	Hannover-Ricklingen	973	154	120	34
37	Hannover-Vahrenwald	604	200	118	82
38	Hannover-Linden	570	295	138	157
40	Darmstadt	226	310	87	230
Mittelwert		–	231	111	119

* *In der Dokumentation keine Werte angegeben*

e Heizkostenersparnis		Kosten der energetischen Maßnahmen		Amortisationszeit (statische Betrachtungsw.)	
€ /kWh	Bei 0,05 €/kWh	Nutzflächenbezogen	Absolut	Bei 0,03 €/kWh	Bei 0,05 €/kWh
€/a	€/a	€/m²	€	a	a
3130	5217	92	102200	33	20
1661	2769	83	59000	36	21
4882	8137	–	*	–	–
1380	2300	–	*	–	–
2866	4777	–	*	–	–
3063	5106	–	*	–	–
0256	17094	117	318800	31	19
4775	24625	112	649064	44	26
0708	17847	242	1052234	98	59
3766	22943	103	294727	21	13
4940	24899	171	400730	27	16
6831	44718	103	635308	24	14
0990	18316	–	*	–	–
4491	7484	74	84050	19	12
1212	2020	104	42600	35	21
1025	1708	62	27100	26	16
1612	2686	58	39100	24	15
755	1258	120	40950	54	33
2502	4171	116	48100	19	12
2819	4698	57	20900	7	4
977	1628	58	27400	28	17
1449	2415	54	22850	16	9
1688	2813	77	53150	31	19
2361	3935	98	40300	17	10
813	1354	52	38100	47	28
1261	2101	53	32350	26	15
1029	1715	53	37300	36	22
679	1131	26	10300	15	9
1165	1941	87	14850	13	8
2984	4973	68	35800	12	7
2231	3719	51	25650	11	7
2195	3658	97	40550	18	11
8143	13572	91	141900	17	10
992	1654	48	45650	47	28
1486	2476	49	29600	20	12
2685	4475	70	40100	15	9
1512	2520	221	50000	33	20
–	–	90	–	28	17

Bei einigen Gebäuden lag auch kein Messwert für den Heizenergieverbrauch vor der Sanierung vor. In diesen Fällen wurde der berechnete Heizenergiebedarf herangezogen. Die in der Tabelle zusammengestellten Heizenergieverbräuche der 37 Gebäude für den Zustand nach der Sanierung wurden jedoch alle mittels Messung erfasst. Der Mittelwert des berechneten Heizenergiebedarfs der Gebäude liegt bei 230 kWh/m^{2}a vor und bei 87 kWh/m^{2}a nach der Sanierung. Die vorher berechnete Einsparung beträgt somit 62 %. Der gemessene mittlere Heizenergieverbrauch aller Gebäude hingegen beläuft sich auf 231 kWh/m^{2}a vor der Sanierung und 111 kWh/m^{2}a nach der Sanierung. Die reale Einsparung beträgt 52 % und ist somit 10 % kleiner als vorher berechnet. Im Bild 2 sind die Heizenergieverbräuche aller Wohnungen vor und nach der Sanierung dargestellt. Verbräuche vor der Sanierung von über 300 kWh/m^{2}a weisen die Gebäude 10, 19, 20, 24, 29, 32 und 40 auf. Ein minimaler Heizenergieverbrauch von unter 150 kWh/m^{2}a liegt nur bei den Objekten 2 und 27 vor. Die Gegenüberstellung der prozentualen Einsparungen der Gebäude untereinander zeigt, dass bei den Gebäuden 11 und 40 eine Reduzierung von über 70 % vorliegt (siehe Bild 3). Die geringsten Einsparungen von 20 % und 22 % sind bei den Objekten 25 und 34 zu verzeichnen. Über dem Mittelwert von 52 % liegen 18 Gebäude und darunter 19. Im Bild 4 sind die Gebäude aufsteigend nach dem Heizenergieverbrauch nach der Sanierung sortiert. Gebäude 1 weist mit 60 kWh/m^{2}a den kleinsten und Gebäude 20 mit 169 kWh/m^{2}a den größten Heizenergieverbrauch auf.

Kosten und Wirtschaftlichkeit der durchgeführten Maßnahmen

Für die Erhaltung eines Wohngebäudes sind in gewissen Zeitabständen Renovierungs- und Modernisierungsaufwendungen notwendig. Diese sind aus wirtschaftlicher Sicht erforderlich und ratsam, um das Gebäude über eine möglichst lange Zeitdauer nutzen zu können. Im Zuge solcher Maßnahmen ist es angebracht, das Gebäude auch gleichzeitig energetisch zu ertüchtigen. Dies erfordert jedoch in der Regel zusätzliche Kosten, die der Gebäudebesitzer möglichst innerhalb weniger Jahre durch reduzierte Heizkostenaufwendungen rückerwirtschaften möchte. Daher werden die zusätzlichen Kosten für die energetisch bedingten Maßnahmen besonders unter wirtschaftlichen Gesichtspunkten betrachtet. Sie werden ermittelt, indem von den Gesamtkosten einer Renovierung und energetischen Sanierung die energetisch nicht relevanten Kosten und die Sowiesokosten abgezogen werden. Der verbleibende Rest stellt die Mehrkosten für die energetischen Maßnahmen dar. Muss beispielsweise eine Fassade aus Renovierungsgründen neu gestrichen werden und wird statt dessen ein Wärmedämmverbundsystem aufgebracht, so ergeben sich die Mehrkosten für die energetischen Maßnahmen, indem von den Gesamtkosten der energierelevanten Maßnahmen die Sowiesokosten abgezogen werden. Sowiesokosten sind hier beispielsweise die Kosten für das konventionelle Streichen der Fassade und die Gerüstkosten.

Bis auf die Gebäude 3 bis 6 sowie 13 sind von allen Gebäuden die Mehrkosten der energetischen Sanierungsmaßnahmen bekannt und in Tabelle 5 absolut und nutzflächenbezogen zusammengestellt. Sie bewegen sich zwischen 26 €/m² beim Gebäude 28 und 242 €/m² beim Gebäude 9. Der Mittelwert liegt bei 90 €/m².

Dieser finanzielle Einsatz hat im Mittel über alle Gebäude eine Heizenergiereduzierung von 119 kWh/m²a zur Folge. Die Werte schwanken erwartungsgemäß in einem großen Bereich. Die kleinsten Einsparungen mit 34 kWh/m²a liegen beim Gebäude 34 und die größten mit 256 kWh/m²a liegen beim Gebäude 20 vor. Bild 5 zeigt die Darstellung der entstandenen nutzflächenbezogenen Kosten über der jeweils eingesparten nutzflächenbezogenen Heizenenergie. Die lineare Regressionsgerade steigt erwartungsgemäß mit zunehmender Energieeinsparung an. Bis auf 4 Ausnahmen liegen die einzelnen Werte maximal 40 €/m² über oder unter der Geraden. Bei der Betrachtung ist zu beachten, dass die erzielbare Energieeinsparung eines Gebäudes durch Dämmmaßnahmen in erblichem Maße vom energetischen Ausgangszustand abhängig ist.

Bei einer energetischen Sanierung wird angestrebt, dass die für die Sanierungsmaßnahmen aufgewendeten Kosten zu einer hohen jährlichen Heizenergiereduzierung führen. Ein Maß für die Effektivität ist daher das Verhältnis aus Sanierungskosten und jährlich eingesparter Heizenergie. Dies sind somit die spezifischen Kosten für die pro Jahr eingesparte Kilowattstunde. In Bild 6 sind diese Werte für alle Gebäude dargestellt, für die die Sanierungskosten vorliegen. Bei den Gebäuden 8, 9, 18, 25 und 34 liegt der Aufwand mit über 1,25 €/(kWh/a) relativ hoch. Sehr gute Verhältnisse liegen beim Gebäude 20 vor mit Kosten von weniger als 0,25 €/(kWh/a). Der Mittelwert aller Gebäude liegt bei 0,85 €/(kWh/a).

Die durchgeführten energetischen Sanierungsmaßnahmen reduzieren den Heizenergieverbrauch nicht nur in einem Jahr, sondern über die gesamte Restnutzungszeit des Gebäudes. Daher ist für den Gebäudeeigentümer von großem Interesse, in welcher Zeit die Kosten der energetischen Maßnahmen sich durch die eingesparten Heizenergiekosten amortisieren. Eine übersichtliche und sehr einfache Methode, die insbesondere zum Vergleich von verschiedenen Maßnahmen sowie zum Vergleich unterschiedlicher Gebäude geeignet ist, stellt die statische Berechnung der Amortisationszeit dar. Es werden hierbei lediglich die jährlich eingesparten Heizenergiekosten durch die Kosten der energetisch bedingten Sanierungskosten dividiert. Wesentlich dabei sind die gewählten Heizenergiekosten pro Kilowattstunde. Bei der Betrachtung wird daher ein unterer Wert von 0,03 €/kWh und ein oberer Wert von 0,05 €/kWh angenommen. Die so ermittelten Amortisationszeiten sind in Tabelle 5 zusammengestellt. Sie bewegen sich zwischen 7 und 98 Jahren bei einem Energiepreis von 0,03 €/kWh und zwischen 4 und 59 Jahren bei einem Energiepreis von 0,05 €/kWh. Die Mittelwerte liegen jeweils bei 28 und 17 Jahren. Bild 7 zeigt die energetischen Amortisationszeiten der betrachteten Gebäude. Es ist deutlich zu erkennen, dass der Energiepreis einen wesentlichen Einfluß auf die Amortisationszeit hat.

Neben den energetisch bedingten Kosten liegen bei den Gebäuden mit Ausnahme von Gebäude 40 auch die energetisch nicht relevanten Kosten inklusive der Sowiesokosten vor, die entstanden wären, wenn keine energetischen Maßnahmen durchgeführt worden wären. In Bild 8 sind diese beiden Kostenanteile für die betrachteten Gebäude dargestellt. Bei den meisten Gebäuden liegen die energetisch nicht relevanten Kosten höher als die energetisch bedingten Mehrkosten. Besonders deutlich tritt dies bei den Gebäuden 7, 10, 12 und 15 zutage. Die mittleren Gesamtkosten der Maßnahmen liegen bei ca. 240 €/m^2. Sie setzen sich zusammen aus den energetisch bedingten Mehrkosten von 90 €/m^2 und den energetisch nicht relevanten Kosten von 150 €/m^2.

Zusammenfassung

Eine drastische Absenkung des Heizenergieverbrauchs im Gebäudebereich ist nur möglich, wenn eine energetische Sanierung des Gebäudebestandes erfolgt. In der Vergangenheit wurden bereits einige Objekte energetisch saniert, meist liegt darüber aber keine Dokumentation vor. Ein Kriterium für die Auswahl und Aufnahme in die vorliegende Zusammenstellung war daher das Vorliegen einer Dokumentation über den Ausgangszustand, die durchgeführten Maßnahmen und die Heizenergieverbräuche vor und nach der Sanierung. Die gleichartige Aufbereitung der 40 sanierten Gebäude zeigt die unterschiedlichen Vorgehensweisen und Ansätze bei der Sanierung und ermöglicht einen Vergleich untereinander. Durch die zuletzt vorgenommene vergleichende Gegenüberstellung aller Objekte ist es möglich, die Bandbreiten und Mittelwerte für die durchgeführten Maßnahmen, für die eingesparte Heizenergie sowie für die Kosten und Wirtschaftlichkeit anzugeben.
Bei fast allen Gebäuden (98 %) wurden Dämmmaßnahmen an den Außenwänden vorgenommen. Der erzielte mittlere k-Wert liegt bei 0,5 W/m^{2}K. Im Mittel hatten

die Gebäude vor der Sanierung einen Heizenergieverbrauch von 231 kWh/ m²a. Dieser konnte durch die Sanierung auf 111 kWh/m²a abgesenkt werden. Für die Ermittlung der Wirtschaftlichkeit sind die energetisch bedingten Mehraufwendungen heranzuziehen. Diese ergeben sich aus den Gesamtkosten der kompletten Sanierungsmaßnahmen abzüglich der Kosten, die sowieso aus Bauerhaltungs- und Modernisierungsgründen notwendig geworden wären. Im Mittel liegen die nutzflächenbezogenen Gesamtkosten bei 240 €/m². Die energetisch nicht relevanten Kosten belaufen sich hierbei auf 150 €/m². Die energetisch bedingten Mehrkosten bewegen sich zwischen 26 €/m² und 242 €/m², der Mittelwert liegt bei 90 €/m². Die Sanierung ist besonders effektiv, wenn durch die energetisch bedingten Sanierungskosten jährlich ein hoher Heizenergiebetrag eingespart werden kann. Ein Maß für die Effektivität ist daher das Verhältnis aus aufgewendeten, energetisch bedingten Kosten und der jährlich eingesparten Heizenergie. Im Mittel über alle Gebäude liegt dieser Wert bei 0,85 €/(kWh/a). Für den Gebäudeeigentümer ist die Amortisationszeit von hoher Bedeutung. Diese hängt vom angenommenen spezifischen Energiepreis ab, der für die Zukunft nicht bekannt ist. Bei statischer Betrachtungsweise und unter Annahme eines Energiepreises von 0,03 €/kWh ergibt sich im Mittel eine Amortisationszeit von 28 Jahren. Wird dagegen von einem höheren Energiepreis von 0,05 €/kWh ausgegangen, so reduziert sich die mittlere Amortisationszeit um 11 Jahre auf 17 Jahre. Bei den Vorhaben stellte sich heraus, dass es besonders wirtschaftlich ist, energetisch bedingte Mehraufwendungen vorzunehmen, wenn sowieso Maßnahmen an der Bausubstanz vorgenommen werden. Im Vergleich zu geläufigen Amortisationszeiten von Geräten, sind die ermittelten Zeiten hoch, doch es muss bedacht werden, dass es sich bei Gebäuden um Wirtschaftsgüter mit langer Lebensdauer handelt.

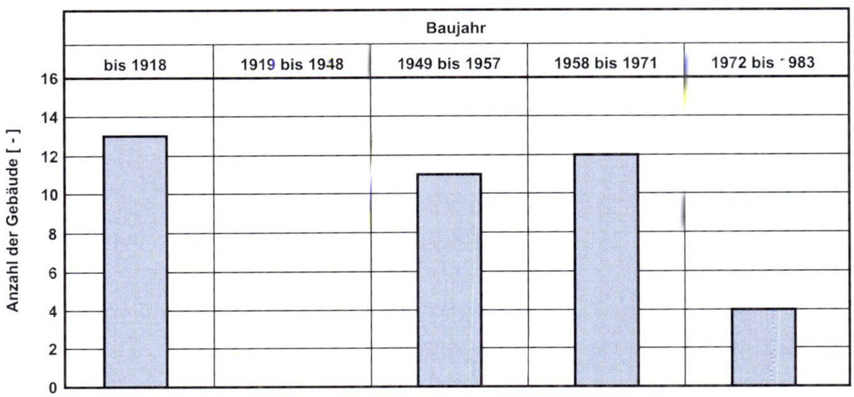

Bild 1: Anzahl der betrachteten Wohngebäude in den unterschiedlichen Baualtersklassen

Bild 2: Heizenergieverbräuche der betrachteten Wohngebäude vor und nach der Sanierung

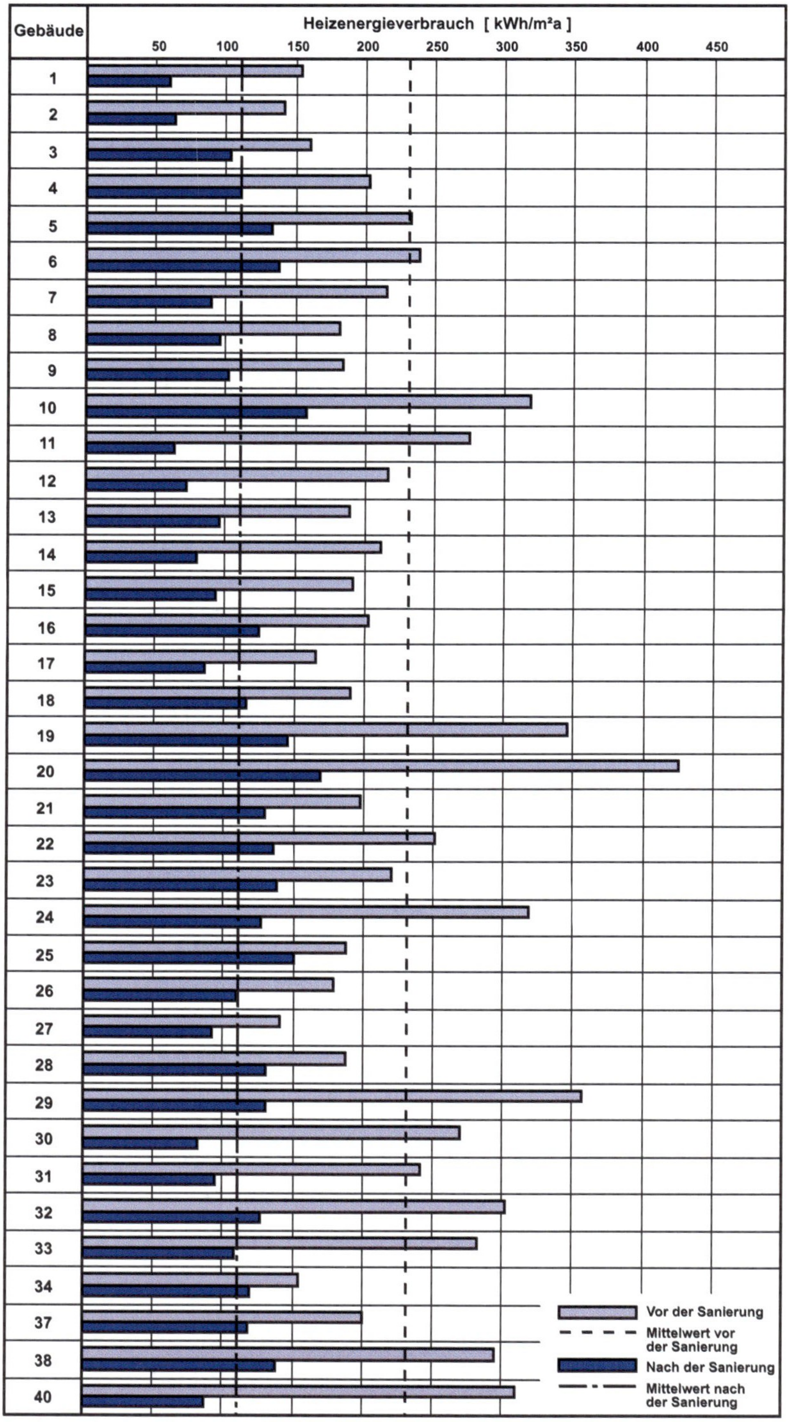

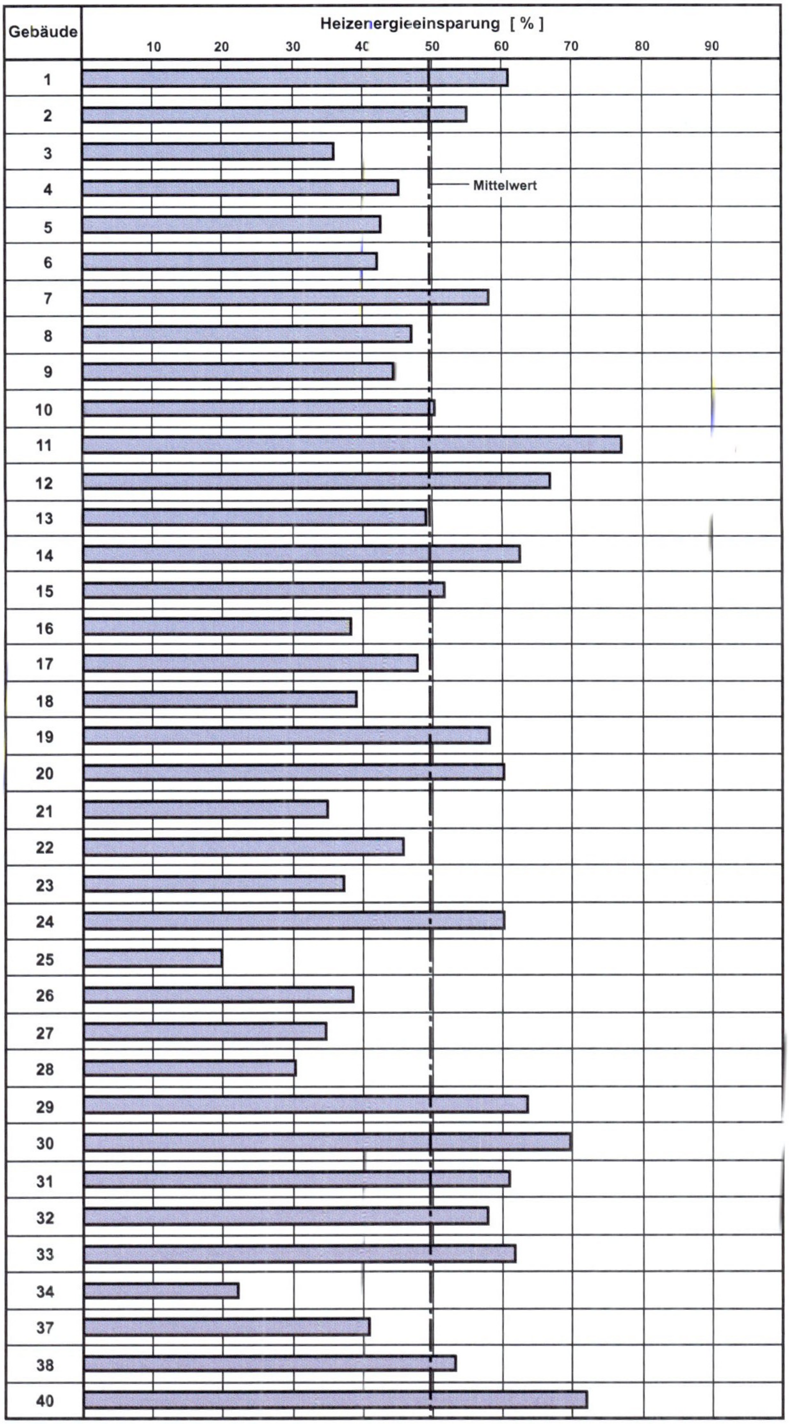

Bild 3: Prozentuale Heizenergieeinsparung der Wohngebäude gegenüber dem unsanierten Zustand

Bild 4: Heizenergieverbräuche der betrachteten Wohngebäude vor und nach der Sanierung, aufsteigend sortiert

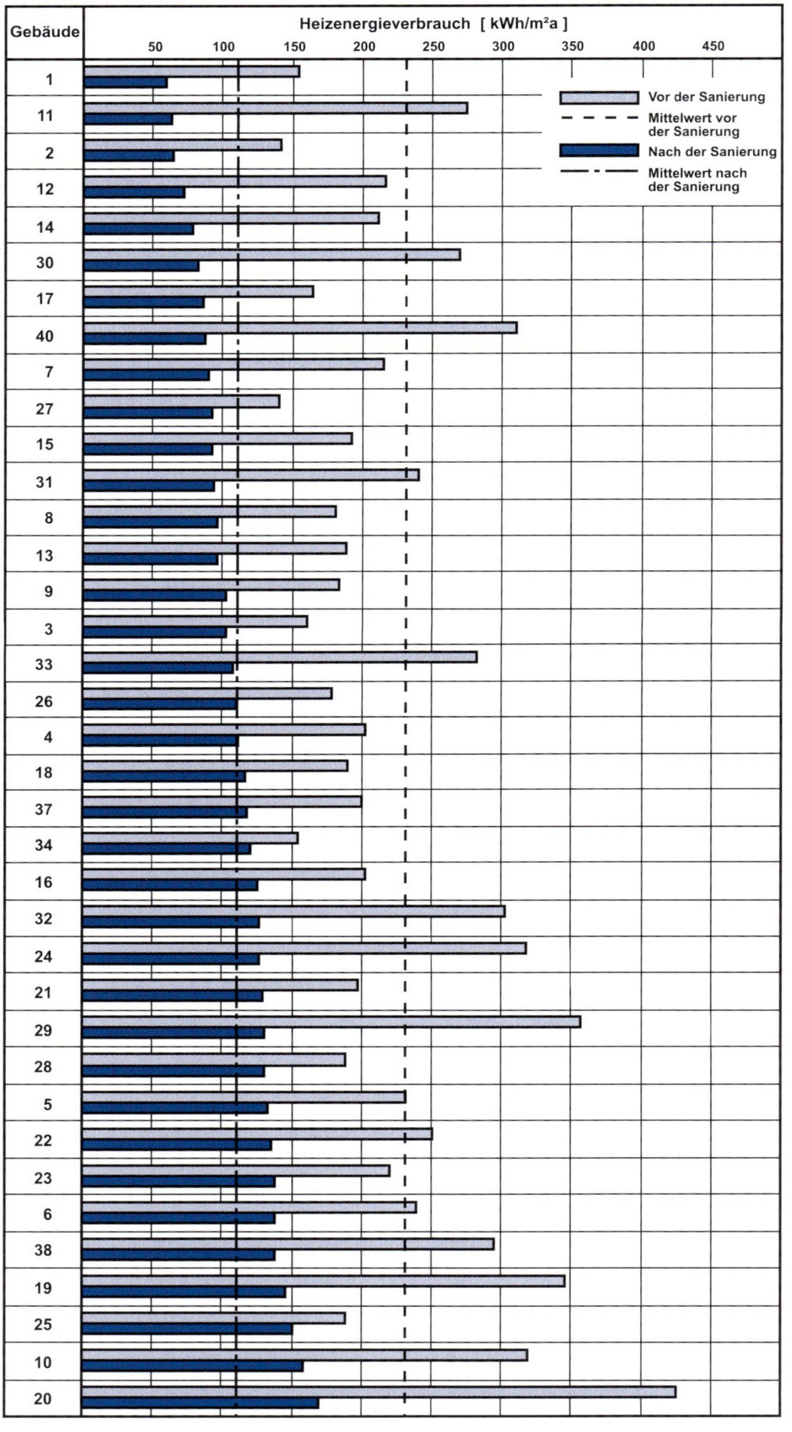

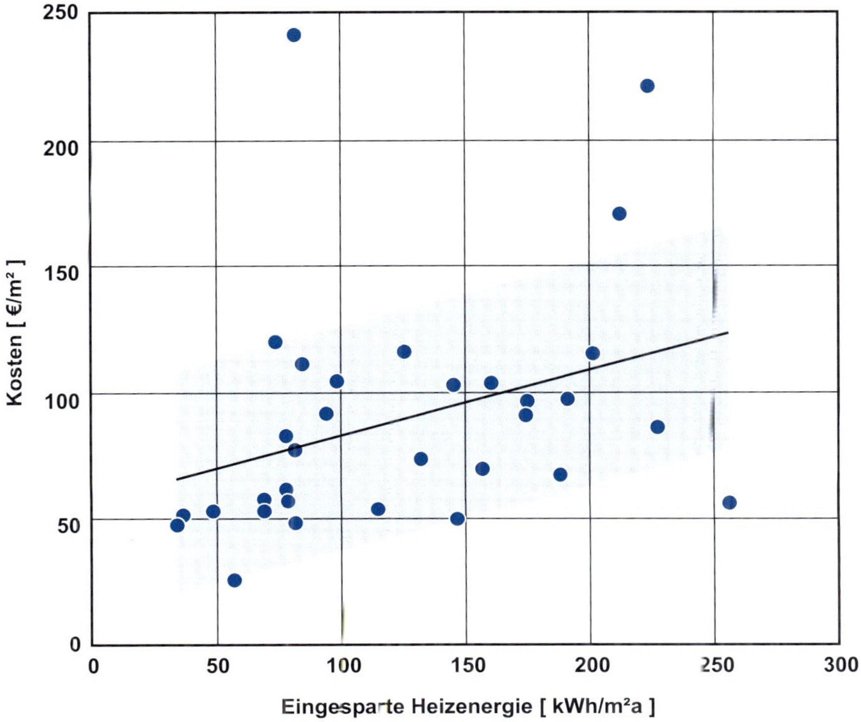

Bild 5: Darstellung der erzielten Heizenergieeinsparung und der dadurch verursachten Zusatzkosten für die energetisch bedingten Maßnahmen

Bild 6: Darstellung der energierelevanten Mehrkosten bezogen auf die pro Jahr eingesparten Kilowattstunden Heizenergie für die Wohngebäude

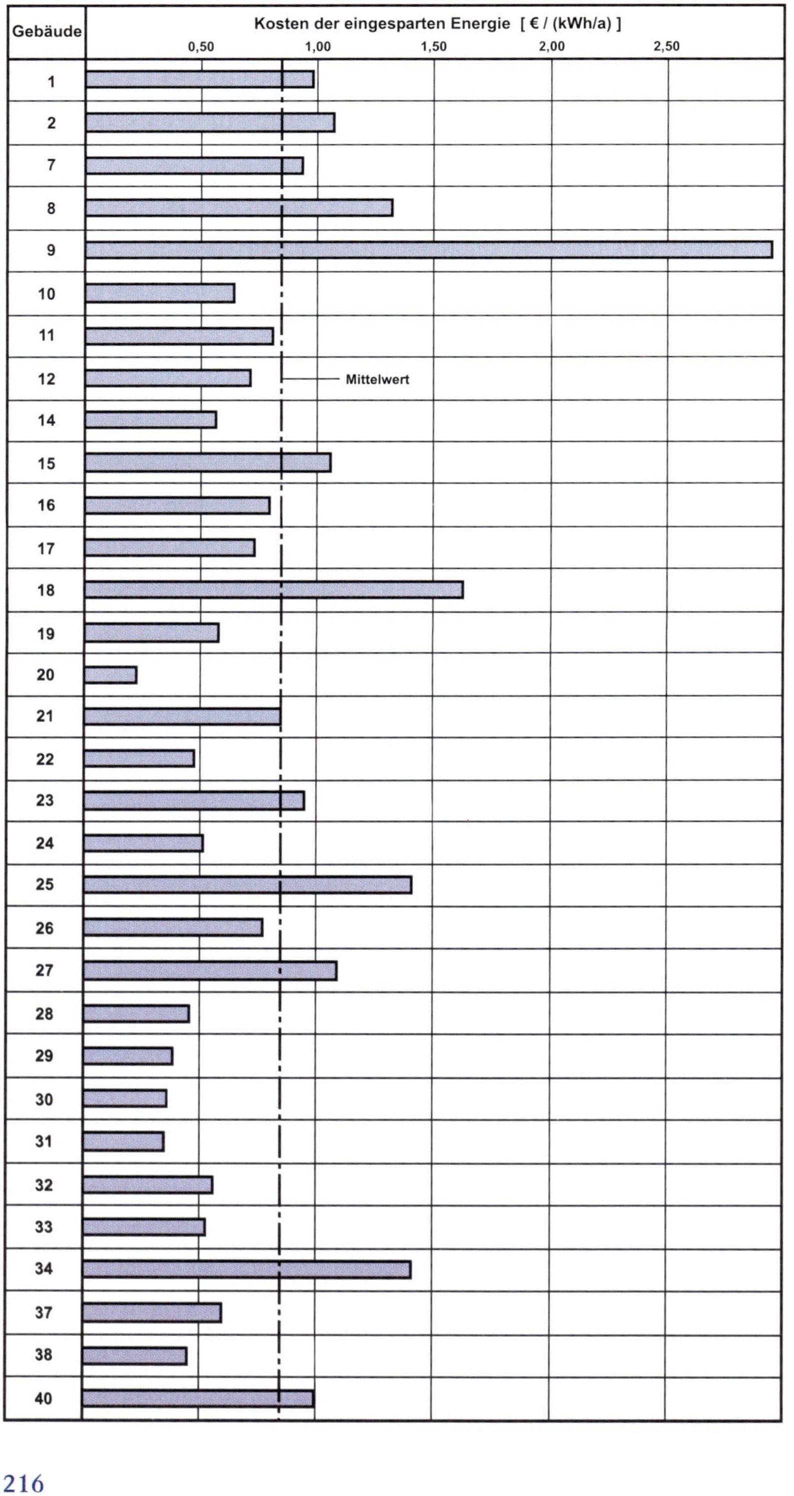

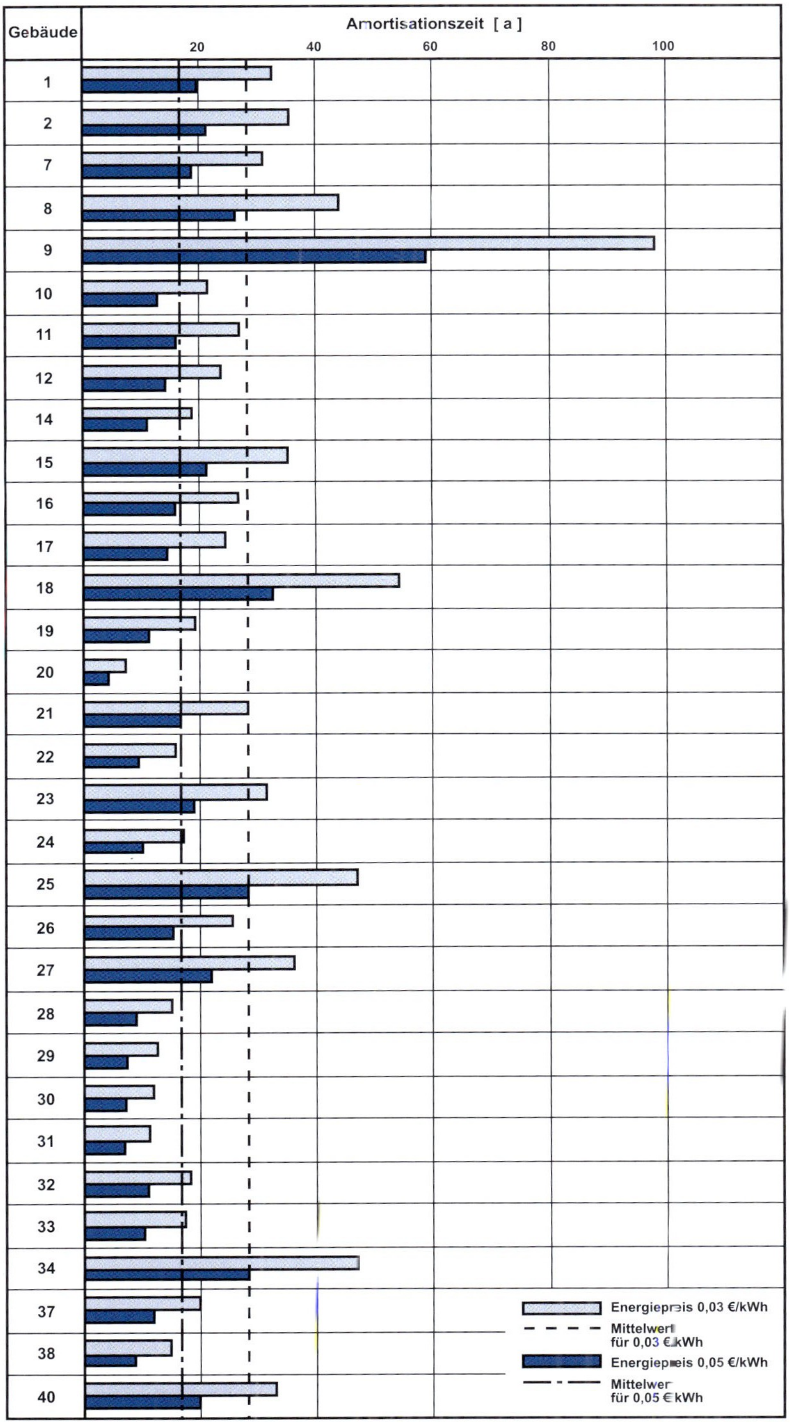

Bild 7: Darstellung der Amortisationszeiten bei statischer Betrachtung für die Wohngebäude bei angenommenen Energiepreisen von 0,03 €/kWh und 0,05 €/kWh

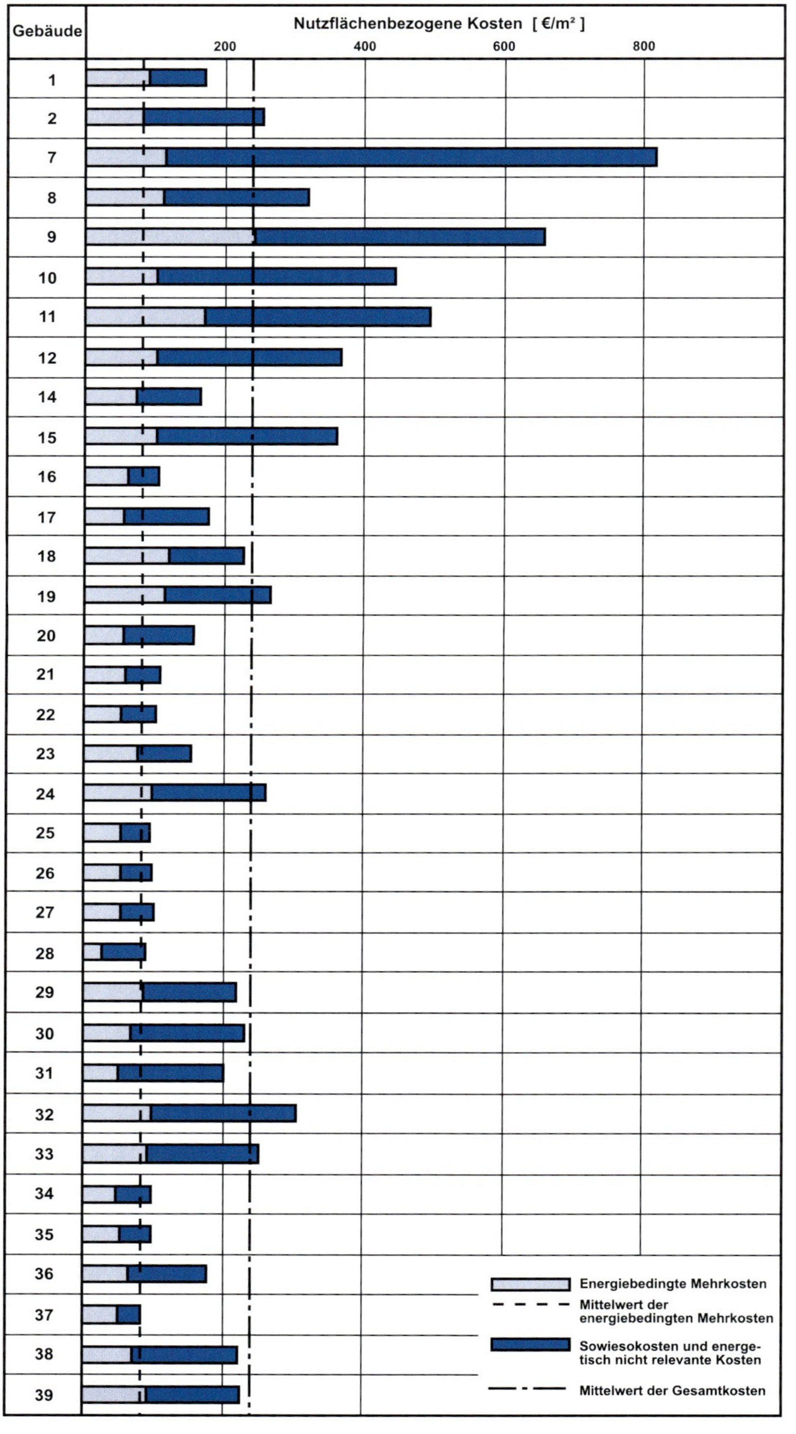

Bild 8: Darstellung der nutzflächenbezogenen Gesamtkosten für die Wohngebäude. Die Gesamtkosten setzen sich aus den energetisch bedingten Mehrkosten und den energetisch nicht relevanten Kosten sowie den Sowiesokosten zusammen.